国家级职业教育规划教材
全国职业院校艺术设计类专业教材

软装设计

（第二版）

陈亮奎　编写

中国劳动社会保障出版社

简介

本教材介绍了软装设计的概念、作用、发展历史及工作流程，分析了软装设计的风格、美学原则以及色彩基本知识，着重讲解了家具、纺织品、灯具、绿色植物与花艺、书画、饰品、收藏品等软装设计的主要元素，并结合居住空间、办公空间、餐饮空间和娱乐空间，进行软装设计实践及优秀设计赏析。教材语言简洁，图文并茂，有大量丰富的案例，易于学生理解和学习。

本教材由陈亮奎编写。在本书编写过程中得到广州市泽森装饰设计有限公司的支持，在此向其表示感谢。

图书在版编目（CIP）数据

软装设计 / 陈亮奎编写 . -- 2 版 . -- 北京：中国劳动社会保障出版社，2023
全国职业院校艺术设计类专业教材
ISBN 978-7-5167-5624-9

Ⅰ. ①软… Ⅱ. ①陈… Ⅲ. ①室内装饰设计 – 高等职业教育 – 教材 Ⅳ. ①TU238.2

中国国家版本馆 CIP 数据核字（2023）第 103935 号

中国劳动社会保障出版社出版发行
（北京市惠新东街 1 号　邮政编码：100029）

*

北京市艺辉印刷有限公司印刷装订　　新华书店经销
880 毫米 × 1230 毫米　16 开本　15.75 印张　385 千字
2023 年 6 月第 2 版　　2023 年 6 月第 1 次印刷
定价：52.00 元

营销中心电话：400-606-6496
出版社网址：http://www.class.com.cn
http://jg.class.com.cn

前言

艺术设计类专业的研究内容和服务对象有别于传统的艺术门类，它涉及社会、文化、经济、市场、科技等诸多领域，其审美标准也随着时代的变化而改变。2022 年，我们对全国职业院校艺术设计类专业教材进行了修订，重点做了以下几方面的工作。

第一，更新了教材内容。对上版教材中的部分内容进行了调整、补充和更新，使教材更加符合当前职业院校艺术设计类专业的教学理念和实践方法。进一步增加了实践性教学内容的比重，强调运用案例引导教学。这些案例一部分来自企业的真实设计，缩短了课堂教学与实际应用的距离；还有一部分来自优秀学生作品，它们更加贴近学生的思维，容易得到学生的共鸣，增强学生学习的自信心。

第二，提升了教材表现形式。通过选用更优质的纸张材料、更舒适的图书开本及更灵活的版式设计，增加了教材的时代感和亲和力，激发了学生的学习兴趣。同时，加强了图片、表格及色彩的运用，营造出更加直观的认知环境，提高了教材的趣味性和可读性。

第三，加强了教材立体化资源建设。在教材修订的同时，开发了与教材配套的电子课件，包含上机操作内容的教材还提供了相关素材，可登录技工教育网（http://jg.class.com.cn），搜索相应的书目，在相关资源中下载。

本套教材的编写得到了有关学校的大力支持，教材编审人员做了大量工作，在此我们表示衷心的感谢！同时，恳切希望广大读者对教材提出宝贵的意见和建议。

人力资源社会保障部教材办公室

第三章 软装设计主要元素

第四章 软装设计实践与赏析

目录

Contents

软装设计概述

001

第一章

软装设计风格及美学基础

015

第二章

第一章

软装设计概述

学习目标

◆了解软装设计的概念、作用以及历史沿革。

◆掌握软装设计师应具备的专业素质。

◆掌握软装设计的工作流程。

第一节 SECTION 1 软装设计简介

一、软装设计的概念

软装设计主要是指针对室内空间的家具、家居饰品等进行的装饰设计。

所谓“软装饰”是指在功能性的“硬装修”之后，利用可移动位置、易更换的装饰物，如家具、窗帘、沙发套、靠垫、工艺台布、床上用品、工艺装饰品，固定或可移动的灯饰、古董、收藏品、艺术品等，对室内空间或室内装饰的再创造。

“软装饰”还可以根据居室空间的大小、形状，居住者的生活习惯、兴趣爱好和经济情况，从整体上综合策划装饰装修设计方案，体现居住者的个性品位，而不会“千家一面”。相对于“硬装修”一次性、无法回溯的特性，“软装饰”可以随时更新不同元素。

二、软装设计的作用

软装设计对于改善、优化家居环境起着非常重要的作用，具体表现在以下方面。

1. 改善空间形态

很多现代家居的结构材料界面都很单调，长期生活在里面会感觉枯燥、乏味和审美疲劳。通过软装设计，利用一些装饰品，如绿色植物、艺术品、纺织品等，因其颜色通常要比家居界面亮丽，形态也更丰富，所以能够很好地改善家居空间的形态，如图 1-1-1

图 1-1-1 改善空间形态的软装

所示。

2. 柔化家居空间

在有些家居空间中，充斥着密集的钢架、成片的玻璃幕墙、光亮的金属板材，使整个家居显得生硬、冰冷。而丰富多彩的家居配饰品可以明显地柔化空间，给家居空间带来生机，如图 1-1-2 所示。

图 1-1-2 柔化家居空间的软装

3. 表现场所精神

优秀的家居软装设计作品能营造出一种特定的气氛，能明确传递主题，表现出特有的场所精神，如图 1-1-3 所示。

4. 烘托环境氛围，强化空间风格

家居配饰在家居环境中具有较强的视觉感知度，对家居环境的气氛具有较强的烘托作用，如图 1-1-4 所示。家居空间有各种不同的风格，配饰品的合理选择和陈列对于家居空间风格的形成会产生积极的影响。

图 1-1-3　表现场所精神的软装

图 1-1-4　烘托环境氛围的软装

5. 调节家居环境的色调

在家居环境中，家具和配饰品占据的面积比较大，在很多空间中，家具占的面积超过 40%，可以有效地调节家居环境的色调，如图 1-1-5 所示。

图 1-1-5 调节家居环境色调的软装

6. 展现居住者个性

配饰品的选择与每个人的生活环境、性格和工作经历等有关，是受多种因素影响的。如运动员通常在自己的居住空间里摆放很多运动器械，爱读书的人会在居住空间内摆放书架或书柜。配饰品可以较好地展现出居住者的爱好和性格特征，在家居设计中发挥着重要的作用，如图 1-1-6 所示。

图 1-1-6 展现居住者个性的软装

三、软装设计的发展历史

软装设计也称为室内陈设艺术设计，又称为装饰派艺术，起源于欧洲。20 世纪初，欧洲一些中产阶层的家庭主妇自发成立协会，探讨家居空间的陈设与装饰，从而开软装设计的先河。1930 年，美国正式成立了室内设计学科。

随着经济社会的发展与整个社会审美意识的提高，人们越来越重视工作和生活空间的艺术品位，从而促使软装设计行业迅速发展。装饰空间由家居空间向公共空间拓展，装饰主题更丰富多样，装饰材料由天然材料向人造材料转变，装饰图案由具象向抽象形象过渡。受第二次世界大战的影响，软装设计一度沉寂，但从 20 世纪 60 年代后期开始，随着工业的复兴和经济的发展，又开始走向兴盛。现阶段，欧美发达国家的软装设计已经发展到较为成熟的阶段。

中国的软装设计最早可以追溯到距今 10 万年前的旧石器时代晚期，那时北京周口店的山顶洞人就开始用磨制的石珠、兽骨、壁画等装饰其生活的洞穴。如图 1-1-7 所示为古老的洞穴壁画装饰。1957 年，我国首先在中央工艺美术学院成立室内装饰系，即当今的环境艺术设计系。而现代意义的软装设计则是在近几年随室内设计的蓬勃发展、日趋成熟、渐渐被人们所重视。在一些经济发达城市，如北京、上海、广州、深圳等地，相继出现了专门从事软装设计的公司，在软装设计的实践应用上做出了有益的探索，同时也出现了一些介绍软装设计的专业网站，但从该学科的系统性与理论研究上来看，我国的软装设计仍然处于摸索和起步阶段。

图 1-1-7 古老的洞穴壁画装饰

四、软装设计师的专业素质要求

进行软装设计，要求设计师具备扎实的专业素质、现代的装饰知识、优秀的美学鉴赏及表现能力。具体包括以下几个方面：

第一，了解建筑环境景观设计原理，懂得建筑结构与格局设计理念，理解室内空间的设计理念。

第二，具有扎实的美术功底。绘画是软装设计师的基本功，图画是设计师的语言。虽然目前已有更多能表达设计的方法（如计算机绘画），但纸笔作画仍是最简单、直接、快速的方法。事实上，虽然用计算机、模型可以将构思表达得更全面，但最重要的想象、推敲等思维过程绝大部分还是要通过简易的纸笔来进行的。

第三，具有出色的设计技能。包括油泥模型的手工制作能力和计算机设计软件的应用能力等。

第四，具有一定的美学基础及审美水准，有一定的艺术修养。要了解地方文化、民俗差异，尤其要了解不同地域、不同民族、不同时期的一些传统礼仪与生活习惯。

第五，熟悉室内空间与色彩、风格、灯光的应用关系及搭配技法。室内空间是作品的躯壳，设计必须根据其尺寸来描绘设计蓝图；风格是设计作品的灵魂，要能够用风格来表达作品的性格特点；色彩可以跨越风格的界限，表达一个空间的情绪；而灯光则可以营造出不同的艺术质感。

第六，了解施工基础。包括施工原理和家居类产品的材质、尺寸、形态、风格以及文化背景等。只有了解相关知识，进行设计时才会游刃有余，找到适合的配饰元素。

第七，具有一定的沟通能力。通过沟通，帮助居住者提高对于生活环境的审美能力，纠正一些居住者错误的审美理念，引导居住者确定最适合自身的装饰效果。

第二节 SECTION 2 软装设计工作流程

软装设计的工作流程一般包括以下十六个步骤。

一、初步洽谈

初步洽谈阶段是设计师和客户初次见面，了解客户所需服务并进行分析，包括空间流线（生活动线）分析、人体工程学和尺度分析、生活习惯和商务运营习惯分析、客户文化喜好分析、客户宗教禁忌等内容，告知客户本设计公司情况及相关服务内容，与客户初步沟通设计理念，确定设计大体意向。

二、收取设计定金

根据初步洽谈的结果，确定设计服务项目，然后根据服务内容收取定金（此环节可根据实际情况确认）。

三、现场测量

到项目现场进行房屋实地勘测，勘测内容包括平立面尺寸、各结构位置（门窗、暖气等），并进行拍照用于后期应用及完工对比。

四、设计方案初稿（2 ~ 5 个工作日）

1. 制定平面设计方案，包括原始结构图（各电路开关、暖气、地面铺设等各硬装结构）、平面功能布局（应注意模型尺寸与实际家具的尺寸，以免造成设计误差，导致购买的家具不适用）。

2. 确定风格，软装风格定位以客户的需求为依据，结合原有的硬装风格，注意硬装与后期配饰的和谐统一性，与客户沟通时要尽量先从装修风格开始，再涉及家具、布艺、饰品等产品细节的诸多探讨，精准把握客户喜好。

3. 定制移动式家具，注意尺寸以及家具之间及其与室内空间的位置关系。

4. 定制固定式家具，应与衣帽间、储物间等的设计方案相一致。

5. 窗帘、床品样式及风格设计。

6. 墙面处理设计。

7. 灯具，包括顶灯、射灯、落地灯、台灯等光源设计。

8. 画品设计，注意整个空间中画的色彩和画框的统一；地毯的设计，包括客厅、主卧、盥洗室、入门等处地毯设计；花卉及植物设计，包括客厅、书房、卧室等的花卉与植物设计；餐台设计，包括盘、叉、茶具的选择与布置等。这些方面的内容均为初步构思设计。

9. 初步报价。

以上为设计方案初稿，部分内容可根据实际情况增删。

五、与客户进行初步方案沟通

将初步设计方案与客户进行沟通，并加以反复修正。

六、最终方案定稿

根据与客户沟通的结果，做出相应的调整，内容包括：

1. 确定平面设计方案，包括原始结构图、平面功能布局。

2. 根据客户需求确定软装风格。

3. 定制移动式家具，注意尺寸以及家具之间及其与室内空间的位置关系，作乌龟图及家具说明图。

4. 定制固定式家具，对衣帽间、储物间等设计方案进行最终确定。

5. 窗帘、床品选择，包括窗帘和床品的材料、样式及风格选择。

6. 墙面处理设计，包括界面材料和造型的确定。

7. 灯具，包括顶灯、射灯、落地灯、台灯等光源的选择。

8. 画品设计及选择，注意整个空间中画的色彩和画框的统一；确定地毯、花卉及植物、餐台等项目配饰品的风格设计。

9. 根据以上内容向客户报价。此部分内容需要进行精细计算，包括采购的数量、饰品的各种摆放量（由平面摆放图、立面摆放图计算而得）。

七、签订合同

按照设计项目内容，签订软装设计合同。

八、现场尺寸最终核实

在项目现场，设计师需反复斟酌，精确复核各部分尺寸，对细部进行修正；并对产品尺寸再核实，尤其是家具，要对长宽高全面准确核实；反复感受现场家居摆放的合理性、协调性。

九、收取工程款

客户按项目总费用的 60% 支付第一笔工程款，大件采购到位、客户验收货物后付总费用的 30%，工程完工验收合格再付剩余的 10%。

十、工程前期运作（通常 15 个工作日——不含定制家具、30 个工作日——含定制家具）

1. 定制移动式家具，注意尺寸以及家具之间及其与室内空间的位置关系，家具摆进房间后的空间大小。如到外地采购，还需要考虑时间、托运等问题。

2. 定制固定式家具，衣帽间、储物间等的定制家具的加工工期及安装日期，可与硬装结合进行，注意门套、踢脚线安装的协调问题和尺寸问题（工期 15 天左右）。

3. 窗帘、床品的选购，包括样式、布料的定制、采购（工期 10

天左右）。

4. 墙面处理，可与硬装同步处理。

5. 灯具，包括顶灯、射灯、落地灯、台灯等的定制、采购。

6. 画品的设计、定制、采购。

7. 地毯的设计、采购。

8. 花卉及植物的设计、采购。

9. 餐台的设计、采购。

10. 饰品的设计、采购。

十一、所有设计及定制内容必须客户签字确认

客户对软装设计和定制内容满意后签字确认。

十二、家具到货后摆放，并收取二次款

作为软装设计师，产品的实际摆放能力同样重要。一般会按照软装材料—家具—布艺—画品—饰品的顺序进行调整摆放。每次产品到场，软装设计师都要亲自参与摆放。

现场施工涉及问题如下：

1. 搬运。

2. 家具安装。

3. 现场保洁。

4. 自有物品搬运、安装、摆设。

5. 补充物品（家具、摆设）。

现场施工一般为 3 个工作日，第 3 天进行补货及效果调整，后期留 7 天进行最终效果调整。

十三、验收

客户认可后签验收单及所有物品交接单。

十四、收取尾款及结束工程

按照合同，工程完工验收合格后收取工程尾款。

十五、所有相关工程文件存档

项目结束后，软装设计公司将设计图样、合同、采购单、客户确认单等文件归档保存。

十六、饰后服务

软装配置完成后，软装设计公司会为客户室内的软装整体配饰提供保洁、回访跟踪、保修检查及送修等服务。

思考与练习

1. 简述软装设计的概念及特点。
2. 软装设计有什么作用?
3. 软装设计师应具备哪些专业素质?
4. 简述软装设计的工作流程。

第二章

软装设计风格及美学基础

学习目标

◆掌握软装设计的常见风格。

◆了解软装设计的美学原则。

◆掌握软装设计的色彩基本知识和创意方法。

第一节 SECTION 1 软装设计风格

软装设计风格的形成是结合不同时代、不同地域特点，通过设计师的创作构思和表现手法，逐渐发展形成具有代表性的软装设计形式。软装设计包括以下几种典型风格。

一、中式风格

1. 中式风格的类型

中式风格主要分为古典中式风格和现代中式风格两种。

（1）古典中式风格

古典中式风格主要吸取中国传统木制构架特点来构筑室内藻井天棚、屏风等陈设，加上传统家具、字画、盆景、瓷器、古玩等元素，采用对称的空间布局方式，色彩浓重而简练，营造出端庄丰美、清丽雅致的气氛，且精雕细琢，富于变化，充分体现出中国传统的美学精神，如图 2-1-1 和图 2-1-2 所示。

（2）现代中式风格

现代中式风格是融入对中国传统文化的认识，将现代元素和传统元素相结合，以现代人的审美要求来打造富有传统韵味的软装设计，如图 2-1-3 至图 2-1-8 所示。现代中式风格设计将中式家具的原始功能进行变更，在形式保持不变的基础上向舒适性转变。例如，原先的画案、书案用作了餐桌，原先的双人榻用作了三人沙发，原先的条案用作了电视柜，典型的药柜用作了存放小件衣物的柜子等。这些变化都使传统家具的用途更具情趣和实用性。

❶

❷

❶ 图 2-1-1　古典中式客厅一

❷ 图 2-1-2　古典中式客厅二

❸ 图 2-1-3　现代中式餐厅

❸

1

2

3

❶ 图 2-1-4　现代中式客厅

❷ 图 2-1-5　现代中式风格的过道

❸ 图 2-1-6　现代中式卧室

图 2-1-7　现代中式风格的演播厅

图 2-1-8　现代中式风格的录播厅

2. 中式风格的特点

中式风格是以宫廷建筑为代表的中国古典建筑的室内装饰设计艺术风格，其特点是:气势恢宏、壮丽华贵，高空间、大进深，雕梁画栋、金碧辉煌，造型讲究对称，色彩讲究对比，装饰材料以木材为主，图案多为龙、凤、龟、狮等，精雕细琢、瑰丽奇巧。

中式风格的构成主要体现在传统家具、装饰品及以黑红为主的装饰色彩上。室内多采用对称式的布局方式，配饰格调高雅，造型简朴优美，色彩浓重而成熟。中国传统室内陈设包括字画、匾幅、挂屏、盆景、瓷器、古玩、屏风、博古架等，追求一种修身养性的生活境界。

3. 中式风格的常用元素

（1）家具

家具主要是明清家具样式，这类家具造型简练、以线为主，所用木材广泛，高档家具常用红木（包括紫檀、花梨、鸡翅木、乌木、铁力木等）制作，木材纹理自然优美，如图 2-1-9 和图 2-1-10 所示。

图 2-1-9　圈椅

图 2-1-10　官帽椅

（2）花板

花板包括正方形、长方形、八角形、圆形等形状。雕刻图案内容多姿多彩，中国的传统吉祥图案都能在花板中找到，如福禄寿禧、事事如意等。花板的几何学拼图形状，线条优美，令人产生多种审美感受。特别是四块长方形组合在一起，可形成一幅完整图案，挂在客厅的沙发、电视地柜上面，点缀出一种典雅的氛围。花板如图 2-1-11 所示。

图 2-1-11　花板

（3）条案

条案脚造型多样，有马蹄、卷纹等；台面有翘头和平头两种。

在现代家居中，房间大多空间小，故多数将条案规格改小，放在走廊、客厅、书房等处，台面上可摆放装饰品，衬托一种和谐、庄严的气氛。条案如图 2-1-12 所示。

图 2-1-12　条案

（4）屏风

屏风的制作多样，由挡屏、实木雕花、拼图花板组合而成，如图 2-1-13 所示。还有黑色描金屏风，手工描绘花草人物、吉祥图案等，色彩强烈、配搭分明。屏风多用于现代酒店的餐厅、客厅等作摆设间隔，呈现出宁静、雅致的特点。

（5）灯光

合理的灯光照射能使古典元素充满生命力，营造出一种温馨、浪漫的氛围。

（6）装饰品

常见的装饰品有中式字画、匾幅、挂屏、盆景、瓷器、古玩等。

（7）图案

图案多为龙、凤、龟、狮等，精雕细琢、瑰丽奇巧。

（8）灯笼

灯笼常用纸糊制而成，有的还绘有各种彩画。

图 2-1-13　屏风

二、欧式风格

1. 欧式风格的类型

（1）古典欧式风格

欧式风格中最常见的就是古典欧式风格。如果以年代来分，可分为典雅的古代风格、精致的中世纪风格、富丽的文艺复兴风格、浪漫的巴洛克和洛可可风格，还有庞贝式、帝政式等风格。古典欧式风格具有豪华、优雅、和谐、舒适、浪漫等特点，适用于大户型与大空间。

（2）现代欧式风格

现代欧式风格继承了传统欧式风格的装饰特点，主要吸取了其形神特征，在设计上追求空间变化的连续性和形体变化的层次感，室内多采用带有图案的壁纸、地毯、窗帘、床罩、帐幔及古典装饰画，体现华丽的风格。家具门窗多漆为白色，画框的线条部位装饰金边，在造型设计上既要突出凹凸感，又要有优美的弧线。现代欧式风格适用于中等或较小的空间，如图 2-1-14 至图 2-1-16 所示。

图 2-1-14　现代欧式风格餐厅

❶ 图 2-1-15 现代欧式风格客厅

❷ 图 2-1-16 现代欧式风格卧室

2. 欧式风格的特点

欧式风格强调线形流动的变化，将室内雕刻工艺集中在装饰和陈设艺术上。色彩华丽且用暖色调加以协调，变形的直线与曲线相互作用以及猫脚家具与装饰工艺手段的运用，构成室内华美厚重的气氛。它在形式上以浪漫主义为基础，常用大理石、华丽多彩的织物、精美的地毯、曲线多姿的家具，让室内呈现出豪华、富丽的特点，充满强烈的动感。

欧式客厅顶部多用大型灯池，并用华丽的枝形吊灯营造气氛。门窗上半部多做成圆弧形，并用带有花纹的石膏线勾边。客厅入口处多竖有两根豪华的罗马柱，室内用壁炉或壁炉造型。

3. 欧式风格的常用元素

（1）家具

欧式家具为古典弯腿式，大多有花纹、雕饰、描金，尤其是用花卉及树木等图案装饰，线条优美。

（2）柱子

柱子主要采用古希腊多立克柱、古希腊爱奥尼克柱和古希腊科林斯柱、罗马多立克柱、罗马爱奥尼克柱、罗马科林斯柱等。

（3）门窗

门窗通常采用拱和柱相结合的造型。门的造型设计包括房间的门和各种柜门，既要突显凹凸感，又要有优美的弧线，两种造型相映成趣。

（4）壁炉

壁炉是西方文化的典型载体，选择欧式风格家装时，既可以设计一个真的壁炉，也可以只做一个壁炉造型，然后辅以灯光，营造出西式生活情调。

（5）灯具

在欧式风格的家居空间里，灯饰应选择具有西方风情的造型，比如，壁灯具有朦胧、浪漫之感；水晶灯饰则高贵典雅、流光溢彩，能衬托出辉煌艳丽的氛围。

（6）挂画

在欧式风格的家居空间里，金属框抽象画或摄影作品，以及西方艺术家名作的仿制品是很重要的设计要素，可以营造浓郁的艺术氛围，表现居住者的文化涵养。

（7）色彩

欧式风格，尤其是古典风格，可运用金色和银色以呈现居室的气派与复古韵味。

三、美式风格

美式风格特指在继承欧洲文化基础上，结合美国自身文化的特点，而衍生出的风格。

美式风格源自 16 世纪欧洲的巴洛克、洛可可，以及哥特风格，是这些元素与美国本土草原风格的融合，实际上是一种混合风格。它不像欧洲的建筑风格是一步步逐渐发展演变而来的，而是在同一时期接受了多种成熟的建筑风格，相互之间融合和影响而形成的。

1. 美式风格的特点

美式风格更多地借鉴了古典主义和新古典主义风格的元素和特点，虽然是一种混合风格，却具有古典情怀。美式风格强调简洁、明晰的线条和优雅、得体、有度的装饰，注重实用性、品质感和细节，融合多种风情于一体。美式乡村风格的色彩以自然色调为主，绿色、土褐色最为常见；壁纸多为纯纸浆质地；家具颜色多为仿旧漆色，式样厚重；设计中多有地中海样式的拱。

美式乡村风格摒弃了烦琐和奢华，将不同风格中的优秀元素汇集融合，以舒适性为导向，强调“回归自然”，让居住者住得轻松、舒适、自由。不论是稍感笨重的家具，还是带有岁月沧桑的配饰，都在告诉人们这一点。在墙面色彩选择上，自然、怀旧、散发着浓郁泥土芬芳的色彩是美式乡村风格的典型特征。如图 2-1-17 所示为美式风格家居，如图 2-1-18 所示为美式风格书房。

图 2-1-17 美式风格家居

图 2-1-18　美式风格书房

2. 美式风格的常用元素

（1）色彩

美式风格的家具在色彩上以原木自然色调为基础，以白色、红色、绿色、褐色作为居室整体色彩较为普遍。特别是在墙面与家具以及陈设品的色彩选择上，自然、怀旧、散发着泥土气息的色彩是美式风格的典型特征。壁纸大多选择富有机理、质地天然的纸浆制品。

（2）装饰品

装饰品多以铁艺、棉麻、陶瓷为首选，具有纯粹简单甚至略显粗糙的质地。造型上往往绘上色彩缤纷的大型花卉图案，纯木或纯石材的地面上配以三两块来自墨西哥、尼泊尔或者是中国山东的纯毛手工地毯，显得自然温馨并且十分大气。

（3）花卉

花卉是美式风格中极具代表性的元素，从床上用品到沙发、靠垫等各种纺织用品，但凡带有大型或大面积花卉图案的都可以用来装饰乡村风格的家。

（4）图案

美式风格并没有特定的图形标准，在图案的选择上除了花卉，只要在色彩上能与整个居室环境协调，例如独幅画或者某个抽象图案中的一部分，甚至是单纯的布色，都可以作为设计元素。

（5）布艺

布艺是美式风格中非常重要的元素。本色的棉麻是主流，布艺的天然感与乡村风格能很好地协调，各种繁复的花卉植物、靓丽的异域风情和鲜活的鸟虫鱼图案都很受欢迎，显得舒适而随意。

四、地中海风格

地中海风格起源于公元 9 ~ 11 世纪，特指沿欧洲地中海北岸一线，特别是西班牙、葡萄牙、意大利、希腊这些国家南部沿海地区的淳朴民居住宅风格。

1. 地中海风格的特点

地中海风格大多采用柔和的色调和大气的组合搭配，彩色瓷砖、铸铁把手、厚木门窗、阿拉伯风格水池，营造出一种极具亲和力的海洋气息。在设计上注意空间搭配，充分利用每一寸空间，集装饰与实用于一体，在组合搭配上避免琐碎，显得大方、自然，散发出古老尊贵的田园气息和文化品位；其特有的罗马柱般的装饰线简洁明快，传递出古老文明的信息。在色彩运用上，常选择柔和高雅的浅色调，映射出田园风格的本义。地中海风格多采用有着古老历史的拱形玻璃，运用柔和的光线，加上原木的家具，用现代工艺打造出别有情趣的乡土格调。如图 2-1-19 所示为地中海风格的过道，如图 2-1-20 所示为地中海风格的休闲区。

图 2-1-19　地中海风格的过道

图 2-1-20 地中海风格的休闲区

2. 地中海风格的常用元素

（1）拱廊、拱门

地中海风格的建筑中，圆形拱门及回廊通常采用数个连接或垂直交接的方式，徜徉其中，具有延伸的透视感。此外，家中的墙面处（只要不是承重墙），均可运用半穿凿或者全穿凿的方式来塑造室内的景中窗。半拱形的门是地中海风格的明显特征，如图 2-1-21 和图 2-1-22 所示。

（2）色彩

蓝与白是比较典型的地中海颜色搭配，主要集中于西班牙、摩洛哥海岸，延伸到地中海的东岸——希腊等国。希腊的白色村庄与沙滩、碧海、蓝天连成一片，甚至门框、窗户、椅面都是蓝与白的配色，加上混着贝壳和细沙的墙面、小鹅卵石地、拼贴的马赛克、金银铁材质的金属器皿，将蓝与白不同程度的对比与组合发挥到了极致。

黄、蓝紫和绿的完美组合，是源自意大利南部的向日葵、法国南部的薰衣草花田，金黄与蓝紫的花卉与绿叶相映，形成一种别有情调的色彩组合，具有自然的美感。

土黄及红褐是北非特有的沙漠、岩石、泥沙等天然景观的颜色，再辅以北非土生植物的深红、靛蓝色，加上黄铜色，带来一种宇宙浩瀚的感觉。

图 2-1-21　地中海风格的拱门一

图 2-1-22　地中海风格的拱门二

（3）线条

地中海沿岸房屋或家具的线条不是直来直去的，因而无论是家具还是建筑，都形成一种独特的浑圆造型。白墙不经意涂抹修整的结果也形成一种特殊有趣的不规则表面。

（4）装饰方式

家具尽量采用低彩度、线条简洁且修边浑圆的木质家具。地面则多铺赤陶或石板。马赛克镶嵌和拼贴在地中海风格中属于较为华丽的装饰，主要利用小石子、瓷砖、贝类、玻璃片、玻璃珠等素材，切割后再进行创意组合。在室内，窗帘、桌巾、沙发套、灯罩等均以低彩度色调和棉织品为主。素雅的小细花条纹格子图案是主要风格。室内以棉制品、贝壳为主饰，辅以铸铁件、陶砖、马赛克、编织品等装饰。

（5）锻打铁艺家具与绿植

独特的锻打铁艺家具，也是地中海风格独特的美学产物。同时，地中海风格的家居还非常注意绿化，爬藤类植物是常见的居家植物，小巧可爱的绿色盆栽也颇为常见。

五、东南亚风格

东南亚风格是与东南亚民族岛屿特色及精致文化品位相结合的设计。

1. 东南亚风格的特点

广泛运用木材和其他的天然原材料，如藤条、竹子、石材、青铜和黄铜，深木色的家具，局部采用一些金色的壁纸、丝绸质感的布料，同时加以灯光的变化，体现了居住空间的稳重及豪华感。

东南亚风格的特点还在于色泽鲜艳，崇尚手工的原始自然，如印度尼西亚的藤、马来西亚的风信子、海藻等水草，以及泰国的木皮等纯天然材质做成的家具，都散发着浓烈的自然气息，在色泽上表现为原木本色和褐色系。

在饰品搭配上，东南亚风格多采用醒目的大红色的东南亚经典漆器、金色或红色的脸谱、金属材质的灯饰，这些都是最具民族特色的点缀，让空间散发出浓浓的异域风情，同时也可以让空间禅味十足，与东南亚地区佛教的文化氛围相得益彰。

2. 东南亚风格的常用元素

（1）自然材料

采用自然材料是东南亚家居最大的特点。由于地处多雨富饶的热带地区，东南亚家具大多就地取材，给人自然质朴的感受。原木的天然材料搭配布艺的恰当点缀，非但不会显得单调，反而会使气氛相当活跃。东南亚家具的设计往往抛弃了复杂的装饰线条，代之以简单整洁的设计，为家具营造清凉舒适的感觉。如图 2-1-23 所示为东南亚风格客厅。

图 2-1-23 东南亚风格客厅

（2）色彩

东南亚风格家居在色彩方面没有严格的限制，但大多数以宗教色彩中浓郁的深色系为主，如深棕色、黑色、金色等，令人感觉沉稳大气；局部点缀鲜艳浓丽的色调，如耀眼的金色、妩媚的暗红色、神秘的藕紫色、沉着的墨绿色，常常被大规模地运用，不露痕迹地显出几分贵族气息，营造一种沉稳大气、富丽堂皇的异国情调，如图 2-1-24 所示。

图 2-1-24 东南亚风格的色彩

（3）生态饰品

生态饰品大多以纯天然的藤、竹、柚木为材质，纯手工制作而成，比如竹节袒露的竹框相架、名片夹，带着几分拙朴，有地地道道的泰国味；参差不齐的柚木相架没有任何修饰。又如以椰子壳、果核、香蕉皮、蒜皮等为材质的小饰品，其色泽纹理有着人工无法企及的自然美感。而更多的草编、麻绳编织成的花篮，由豆子竹节穿起来的抱枕，或者由粒粒咖啡豆穿起来的小饰品都有异曲同工之妙，外表质朴，趣味无穷。

（4）布艺饰品

东南亚纺织工艺发达，漂亮的布艺是家里最重要的装饰。一条艳丽轻柔的纱幔、几个色彩妩媚的泰丝靠垫，流光溢彩的东南亚风格布艺，犹如浪漫、柔媚的舞蹈，举手投足间带着一种软绵舒适的慵懒，是成就东南亚风情最不可或缺的道具。

（5）藤制家具

藤制家具是泰式家具中既富有吸引力又廉价的一种家具。藤材在饱含水分时极为柔软，干燥后又特别坚韧，用它制成的藤制家具具有色泽素雅、光洁凉爽、轻巧灵便等特点。藤制家具以古朴、清爽的特点渐获消费者青睐，无论置于室内或庭园，都能给人带来浓郁的东南亚乡土气息和清淡雅致的情趣。

（6）瓷器印花、树脂雕花

瓷器印花、树脂雕花是东南亚风格的又一大特点，能充分展现东方特有的古老神秘气息，既有民族特色又透着异域情调。图案多以吉祥的大象、骆驼，蒙面纱的美女及各种美丽的花朵为主。

六、其他风格

1. 日本传统风格

日本的传统建筑为木结构的高基架，特别有利于通风，人们入室需脱履，室内空间造型简洁朴实，屋顶悬挂灯笼或木方格灯罩的灯具，室内以细木工樟子推拉门分割空间。在铺榻榻米的地面上放置矮茶几和蒲团，夜间移开茶几即可用于睡卧。装饰台面、墙上装饰画和陈设插花均有定式，室内气氛淡雅、简朴、舒适。如图 2-1-25 所示为日本传统风格茶室。

图 2-1-25　日本传统风格茶室

（1）日本传统风格的特点

优雅柔和的和式风格采用木质结构，不尚装饰，简约简洁。其空间意识极强，形成“小、精、巧”的模式，利用檐、龛空间，创造特定的幽柔润泽的光影。明晰的线条，纯净的壁画，有韵味的卷轴字画，室内宫灯悬挂，纸（布）伞造景，格调简单高雅，极富文化内涵。和式风格的另一特征是屋、院通透，人与自然和谐统一，注重利用回廊、挑檐，使得回廊空间敞亮、自由。

（2）日本传统风格的常用元素

和式装饰产品及配套产品，包括榻榻米、樟子门、樟子窗、彩绘门、天袋、地袋、顶天立地柱、壁龛、顶纸、壁纸、滑槽等。

2. 伊斯兰风格

伊斯兰建筑普遍使用拱券结构，拱券的样式富于装饰性。柱子和廊围合成中心庭院，中央是水池。室内多用华丽的壁毯和地毯装饰，喜好大面积的色彩装饰。伊斯兰风格图案多以花卉为主，曲线匀整，结合几何图形，以其形、色的纤丽为特征，以蔷薇、风信子、郁金香、菖蒲等植物为题材，产生艳丽、舒展、悠闲的效果，如图 2-1-26 所示。

（1）伊斯兰风格的特点

伊斯兰风格的特征是东、西方合璧，室内色彩跳跃、对比华丽，表面装饰突出粉画，

图 2-1-26　伊斯兰风格

以彩色玻璃面砖镶嵌，门窗用雕花、透雕的板材做栏板，还常用石膏浮雕做装饰。砖工艺的石钟乳体是伊斯兰风格最具特色的手法。彩色玻璃马赛克镶嵌，可用于玄关或家中的隔断上。

（2）伊斯兰风格的常用元素

常用元素包括各种类型的穹顶、浮雕的墙面、采用雕花木板和大理石板制作的门窗，以及伊斯兰常见的壁毯和地毯等。

3. 田园风格

田园风格注重对自然的表现，依据所体现的不同自然状况其衍生出多种家具风格，有欧式田园风格（包括英式田园和法式田园）、中式田园风格，甚至还有南亚田园风格和韩式田园风格。不同的田园风格各有各的特色，各有各的美丽。

（1）英式田园风格

英式田园家具多以奶白、象牙白等白色为主，用高档的桦木、楸木等做框架，配以高档的环保中纤板做内板，造型优雅，线条细致，常采用高档油漆进行处理。

英式田园家具的独特主要体现在华美的布艺以及纯手工的制作上，其布面花色秀丽，多以纷繁的花卉图案为主。碎花、条纹、苏格兰图案是英式田园风格家具永恒的主调。家具材质多使用松木、椿木，制作及雕刻全是纯手工的，十分讲究，如图 2-1-27 所示。

图 2-1-27 英式田园风格

（2）法式田园风格

法式田园风格最明显的特征是家具的洗白处理及配色上的大胆鲜艳。洗白处理使家具流露出古典家具的隽永质感，黄色、红色、蓝色的色彩搭配，则反映了丰沃、富足的大地景象。而椅脚被简化的卷曲弧线及精美的纹饰也是法式优雅乡村生活的体现，如图 2-1-28 所示。

图 2-1-28 法式田园风格

（3）中式田园风格

中式田园风格的基调是丰收的金黄色，多选用木、石、藤、竹、织物等天然材料装饰，常用绿色盆栽、瓷器、陶器等摆设，如图 2-1-29 所示。

图 2-1-29　中式田园风格

（4）东南亚田园风格

东南亚田园风格的家具虽然显得粗犷，但平和且容易接近。材质多为柚木，光亮感强，也有用椰壳、藤等材质制成的家具。做旧工艺多，并常做雕花。色调以咖啡色为主，如图 2-1-30 所示。

图 2-1-30　东南亚田园风格

（5）韩式田园风格

韩式田园风格的客厅是宽敞而富有历史气息的。一般要求简洁，装修较其他空间更明快光鲜，通常使用大量的石材和木饰面装饰。韩国人喜欢有历史感的东西，这不仅反映在软装摆件上对仿古艺术品的喜爱，同时也体现在装修上对各种仿古墙地砖、石材的偏爱和对各种仿旧工艺的追求，如图 2-1-31 所示。

图 2-1-31 韩式田园风格

总之，田园风格倡导回归自然，美学上推崇自然美，认为只有崇尚自然、拥抱自然，人们才能在当今高科技、快节奏的社会生活中获得生理和心理的平和。因此田园风格力求表现悠闲、舒畅、自然的田园生活情趣。在田园风格中，粗糙和破损是允许的，因为只有这样才更接近自然。田园风格的用料崇尚自然，如砖、陶、木、石、藤、竹等，越自然越好。在织物的选择上多采用棉、麻等天然制品，其质感正好与乡村风格不事雕琢的追求相契合，有时也可在墙面挂一幅毛织壁挂，且表现的主题多为乡村风景。不可遗漏的是，田园风格的居室还要通过绿植让居住空间更接近自然，如结合家具陈设布置绿植，或者将绿植做重点装饰与边角装饰，还可沿窗布置，使绿色植物融于居室，创造出自然、简朴、高雅的氛围。

第二节 SECTION 2 软装设计美学原则

软装设计是整体环境、空间美学、陈设艺术、生活功能、材质风格、意境体验、个性偏好等多种复杂元素的创造性融合。它是一个整体概念，但不等于客厅、卧室、书房、厨卫等空间陈设的简单相加。因此，要想展现出较好的软装效果，就要掌握软装设计的美学原则。

一、比例与尺度

1. 原则要点

比例是物与物相比，表明各种相对面之间的度量关系，在美学中，最经典的比例分配莫过于“黄金分割”。尺度是物与人（或其他易识别的不变要素）之间相比，不需涉及具体尺寸，完全凭感觉来把握。如图 2-2-1 所示，灯的比例与尺度应用就非常协调。

图 2-2-1　灯的比例与尺度应用设计

2. 应用技巧

比例是理性的、具体的，尺度是感性的、抽象的。可以根据比例与尺度原则营建院落、墙体、窗户，使其长宽比例符合“黄金分割”。

3. 注意事项

即使整个软装布置采用的是同一种比例，也要适当有所变化，否则就会显得过于呆板。

二、稳定与轻巧

1. 原则要点

稳定与轻巧的美学原则运用使设计能够体现出正统与内敛、理性与感性的兼容并蓄。以轻巧、自然、简洁、流畅为特点，将曲线运用发挥得淋漓尽致的洛可可式家具，就是这一原则的具体体现。

2. 应用技巧

稳定是整体，轻巧是局部。在居室内应用明快的色彩和纤巧的装饰，追求轻盈纤细的秀美。如图 2-2-2 所示，黄、绿、灰三色是客厅中的主要色彩。灰色给人稳重高雅的感觉，黄色冲淡了灰色的沉闷，而绿色中和了黄色的耀眼，所有的布置都是为了最终形成稳定与轻巧的和谐统一。

图 2-2-2　稳定与轻巧的客厅设计

3. 注意事项

软装布置得过重会让人觉得压抑、沉闷，过轻又会让人觉得轻浮、毛躁。要注意色彩的轻重结合、家具饰物的形状大小分配协调、整体布局的合理完善等问题。

三、调和与对比

1. 原则要点

对比是美的构成形式之一，在家居布置中，对比手法的运用无处不在，涉及空间的各个角落，如通过光线的明暗对比、色彩的冷暖对比、材料的质地对比、传统与现代的对比等，使家居风格产生更多层次、更多样式的变化，从而演绎出各种不同节奏的生活方式。调和则是使对比双方缓冲与融合的一种有效手段。

2. 应用技巧

黑色与白色在视觉上的强烈反差对比，能够体现出居住者特立独行的风格，同时也增加了空间的趣味性；真皮的华贵与窗帘布艺的柔美是材料上的对比；长方形玻璃窗是形状、大小的对比，如图 2-2-3 所示。

图 2-2-3　调和与对比的客厅设计

3. 注意事项

在使用强烈的对比时，设计者要充分考虑居住者的品位以及个性。如果不是特立独行的性格，在设计时还应该尽量柔和一些。

四、节奏与韵律

1. 原则要点

节奏与韵律是密不可分的统一体，是人们体会美感的共同语言，是创作和感受的关键。之所以称“建筑是凝固的音乐”，就是因为它们都是通过节奏与韵律的体现而形成美的感染力。

令人称道的建筑总是能以明快动人的节奏和韵律将无声的建筑实体变为生动的语言和优美的音乐而名扬于世。

2. 应用技巧

节奏与韵律是通过体量大小的区分、空间虚实的交替、构件排列的疏密和长短、曲柔刚直的穿插等变化来实现的，具体手法有连续式、渐变式、起伏式、交错式等。楼梯是居室中最能体现节奏与韵律的所在，或盘旋而上，或蜿蜒起伏，如图 2-2-4 所示。

图 2-2-4　节奏与韵律的楼梯设计

3. 注意事项

在整体软装中虽然可以采用不同的节奏和韵律，但同一个房间切忌使用两种以上的节奏，否则会让人无所适从、心烦意乱。

五、对称与均衡

1. 原则要点

对称是指以某一点为轴心，求得上下、左右的均衡。对称与均衡在一定程度上反映出人生哲学与中庸之道，在我国古典建筑中常常会运用这种方式。现代居室装饰中，人们往往在基本对称的基础上进行变化，造成局部不对称或对比，这也是一种审美原则。另一种方法是打破对称，或缩小对称在室内装饰中的应用范围，使之产生一种有变化的对称美，如图 2-2-5 所示。

2. 应用技巧

面对庭院的落地大观景窗被匀称地划分成格，每一格中都是一幅风景。长方形餐桌的两边放着颜色相同，造型却截然不同的椅子、凳子，这是一种变化中的对称，在色彩和形式上达成视觉均衡。餐桌上的烛台和插花也是这种原则的体现。

3. 注意事项

对称性的处理能充分满足人的稳定感，同时也具有一定的图案美感，但要尽量避免让人产生平淡甚至呆板的感觉。

图 2-2-5　对称与均衡的客厅设计

六、主从与重点

1. 原则要点

当主角和配角关系很明确时，人的心理会安定从容许多。如果两者的关系模糊不清，便会令人无所适从，所以主从关系同样是在软装布置中需要考虑的基本因素。在居室装饰中，视觉中心是极其重要的，人的注意范围一定要有一个中心点，这样才能形成主次分明的层次美感，这个视觉中心就是布置上的重点。

2. 应用技巧

明确地表示主从关系是很正统的布局方法，对某一部分的强调，可打破全局的单调感，使整个居室变得有朝气。但视觉中心有一个就足够了。如图 2-2-6 所示，这间卧室的视觉中心就是蓝色的床、床头柜等家具，其他颜色配合营造温馨的卧室氛围。

3. 注意事项

重点过多就变成没有重点。配角的一切行为都是为了突出主角，切勿喧宾夺主。

图 2-2-6　主从与重点在餐厅设计中的应用

七、过渡与呼应

1. 原则要点

硬装、软装在色调、风格上的彼此和谐不难做到，难在如何让二者产生有机联系，这就需要运用过渡了。呼应属于均衡的形式美，是各种艺术常用的手法。在室内设计中，过渡与呼应总是形影不离，具体到顶棚与地面、桌面与墙面、各种家具之间，形体与色彩层次过渡自然、巧妙呼应，往往能取得意想不到的效果。

2. 应用技巧

比如吊灯与落地灯遥相呼应，采用看似随意的曲线，这种亲近自然的舒适感，最适合用在硬冷的物体上。又如茶几上的鲜花给视觉一个过渡，可使整个空间变得和谐。

如图 2-2-7 所示，整体上将结构的力度和装饰的美感巧妙地结合起来，色彩和光影的过渡与呼应显得非常流畅、自然。

3. 注意事项

过渡与呼应可以丰富居室的美感，但不宜太多或过分复杂，否则会给人杂乱无章及过于烦琐的感觉。

图 2-2-7　过渡与呼应的客厅设计

八、比拟与联想

1. 原则要点

比拟是一种文学上的修辞方法，在形式美学中，它与联想密不可分。所谓联想，是指人们根据事物之间的某种联系由此及彼的心理思维过程。联想是联系眼前的事物与以往曾接触过的相似、相反或相关事物之间的纽带和桥梁，它可以使人思路更开阔、视野更宽广，从而引发审美情趣。如图 2-2-8 所示为比拟与联想的设计应用。

2. 应用技巧

联想的内容都是已知的、客观存在的，运用比拟手法，通过联想使抽象的意识活动与具体的形象相结合。例如卧室，选用红调的布艺，再加上茂盛的绿色盆栽、立在窗边的长颈鹿摆饰，置身其中，难免会从色彩、布景中产生热情洋溢、活力四射的非洲印象。

3. 注意事项

运用这种原则布置家居时，一定要注意比拟与联想从来都不是天马行空式的胡思乱想，它形成的联想空间应该是居住者曾经有过或者非常向往的生活氛围。

图 2-2-8　比拟与联想的设计应用

九、统一与变化

1. 原则要点

软装布置在整体设计上应遵循多样与统一的形式美原则，根据大小、色彩、位置使之与家具构成一个整体，成为室内一景，营造出自然和谐、极具生命力的统一与变化；家具要有统一的艺术风格和整体韵味，最好成套定制或尽量挑选颜色、式样格调较为一致的，加上人文元素融合，进一步提升居住环境的品位。

2. 应用技巧

不同的空间应选用不同的色彩基调。黄色有助于刺激人的食欲，所以将它定为餐厅的主色；墙上青绿色的装饰画，虽然是整体色调中的变数，然而却非常和谐；桌面、墙面、隔断采用相同花纹、相同材质，于统一中见变化的是纹理方向的不同，如图 2-2-9 所示。

3. 注意事项

在家居布置的初始就应该有一个完整的计划和构思，这样才不会在布置过程中出现纰漏；在购买新家具时，应尽量与原有家具般配。

图 2-2-9 统一与变化的客厅设计

十、单纯与秩序

1. 原则要点

运用单纯与秩序的美学原则使软装设计整体变得更加完美。在复杂的环境里运用理性和逻辑思维，大胆取舍，做到简洁而明确。

2. 应用技巧

单纯与秩序的美学原则用在家居上，是一种返璞归真的表达方式。例如，以原木为基调的卧室，配上素雅的布艺和生机盎然的绿色植物，体现出一种独特的生活气质，如图 2-2-10 所示。

3. 注意事项

要避免千篇一律，室内太多的物品和图案会使人感到凌乱、复杂，给人浮躁的感觉。要尽量选择居住者最喜欢的、品质最佳的几件物品来构建单纯而有秩序的室内环境。

图 2-2-10　单纯与秩序的卧室空间设计

第三节 SECTION 3 软装设计色彩

在软装设计中，色彩搭配是非常重要的环节，设计师必须掌握色彩的基本知识和创意方法。

一、色彩心理与软装设计的关系

色彩的直接心理效应来自色彩的物理光刺激对人的生理产生的直接影响。不少色彩理论都对此做过专门的介绍，这些理论明确了色彩对人心理的影响。冷色与暖色是依据心理错觉对色彩的物理性分类，对于颜色的物理性印象，大致由冷暖两个色系产生。波长长的红色光和橙、黄色光本身有温暖感；相反，波长短的紫色光、蓝色光、绿色光，有寒冷的感觉。夏日，人们关掉室内的白炽灯，打开日光灯，就会有一种变凉爽的感觉。冬日，把卧室的窗帘换成暖色，就会增加室内的温暖感。

色彩的冷暖感觉，并非来自物理上的真实温度，而是与人们的视觉与心理联想有关。总的来说，人们在日常生活中既需要暖色，也需要冷色，在色彩的表现上也是如此。

冷色与暖色除了给人温度上的不同感觉以外，还会带来其他感受，如重量感、湿度感等。两者相比较，暖色偏重，冷色偏轻；暖色有密度大的感觉，冷色有稀薄的感觉；冷色的透明感更强，暖色则透明感较弱；冷色显得湿润，暖色显得干燥；冷色有很远的感觉，暖色则有迫近感。

不同的色彩能给人不同的心理感觉，营造出不同的生活情调。合理地应用色彩美学，有助于改善居住条件。宽敞的居室采用暖色装修，可以避免房间给人以空旷冷清感；狭小的居室可以采用冷色装修，在视觉上让人感觉宽敞些。人口少而感到寂寞的家庭居室，配色宜选暖色；人口多而感觉喧闹的家庭居室，宜用冷色相配。同一家庭，在色彩上也应有侧重，卧室装饰色调可暖些，有利于增进夫妻情感；书房用淡蓝色装饰，能够使人集中精力学习、研究；餐厅里红棕色的餐桌，有利于增进食欲。对不同的气候条件，运用不同的色彩也可一定程度地改善环境气氛。在严寒的北方，人们希望温暖，室内墙壁、地板、家具、窗帘选用暖色装饰会给人温暖的感觉；反之，南方气候炎热潮湿，采用青、绿、蓝色等冷色装饰居室，感觉上会比较凉爽。色彩的视觉心理感受主要包括色彩的温暖与寒冷感、色彩的胀缩感、色彩的距离感、色彩的轻重感、色彩的兴奋与冷静感。如图 2-3-1 所示为暖色为主的卧室，如图 2-3-2 所示为冷色为主的卧室。

图 2-3-1　暖色为主的卧室

图 2-3-2　冷色为主的卧室

二、软装设计色彩协调

图 2-3-3　单色调的室内设计应用

1. 单色调

以一个色相作为整个室内色彩的主调，称为单色调。单色调可以获得宁静、安详的效果，并具有良好的空间感，可以为室内的陈设提供良好的背景。在单色调中应特别注意通过明度及彩度的变化加强对比，并用不同的质地、图案及家具形状来丰富整个室内环境。单色调中也可适当加入黑白无彩色作为必要的调剂，如图 2-3-3 所示。

2. 相似色调

相似色调是最容易运用的一种色彩方案，也是目前深受人们喜爱的一种色调，这种方案只用两三种在色环上互相接近的颜色，如黄、橙与橙红，蓝、蓝紫与紫等搭配，显得十分和谐。相似色同样也很宁静、清新，这些颜色由于在明度和彩度上的变化并不显得单调。一般来说，需要结合无彩体系，才能加强其明度和彩度的表现力，如图 2-3-4 所示。

图 2-3-4　相似色调的室内设计应用

3. 互补色调

互补色调又称对比色调，是运用色环上相对位置的色彩，如青与橙、红与绿、黄与紫，其中一个为原色，另一个为二次色。对比色使室内环境生动而鲜亮，能够引起人的注意和兴趣。但采用对比色必须慎重，其中一色应始终占支配地位，不应来回变换，以免失去对一色的吸引力。过强的对比有使人震撼的效果，可以将明度进行软化，同时也可以降低强烈色彩的色彩度，使其变灰而获得平静的效果。采用对比色意味着房间中具有互补的冷暖两种颜色，使房间显得小些，如图 2-3-5 所示。

图 2-3-5 互补色调的室内设计应用

4. 分离互补色调

采用对比色中一色的相邻两色，可以组成三个颜色的对比色调，获得有趣的组合。

采用互补色（对比色）时，因双方都有强烈表现自己的倾向，用得不当，可能会削弱其表现力。而采用分离互补色调，如红与黄绿和蓝绿组合，就能突出红色的表现力；如选择橙色为主，其分离互补色为蓝绿和蓝紫，就能强化橙色的表现力。通过此三色的明度和彩度的变化，也可获得理想的效果，如图 2-3-6 所示。

图 2-3-6 分离互补色调的室内设计应用

5. 双重互补色调

双重互补色调是两组对比色的同时运用。采用四种颜色，对面积小的房间来说可能会造成混乱，但也可以通过一定的技巧进行组合尝试，使其达到多样化的效果。对大面积的房间来说，可增加其色彩变化，是一个不错的选择。使用时也应注意两种对比中应有主次，对面积小的房间来说更应把其中之一作为重点处理，如图 2-3-7 所示。

图 2-3-7　双重互补色调的室内设计应用

6. 三色对比色调

在色环上形成三角形的三个颜色组成三色对比色调，如常用的黄、蓝、红三原色，这种强烈的色调组合适于文娱空间。如果将黄色软化成金色，红色加深成紫红色，蓝色加深成靛蓝色，这样的色彩组合犹如在优雅的房间中布置了贵重的东方地毯。如果将此三色分别软化成柔和的玉米色、玫瑰色和亮蓝色，其组合的效果又像我们经常看到的印花布和方格花呢，这种轻快、娇嫩的色调，适用于小女孩的卧室。其他的三色基于对比色调，如绿、紫、橙，有时显得非常耀眼，并不太吸引人，但若用不同的明度和彩度变化后，则可以组成十分迷人的色调。如图 2-3-8 所示为三色对比色调的室内设计应用。

图 2-3-8　三色对比色调的室内设计应用

7. 无彩色调

由黑、灰、白色组成的无彩系，是一种十分高级和高度吸引人的色调。采用黑、灰、白无彩系色调，有利于突出周围环境的表现力，因此，在优美的风景区以及繁华的商业中心，高明的建筑师和室内设计师都极力反对过分的装饰或精心制作饰面，因为它们只会有损于景色本身的魅力。在室内设计中，粉白色、米色、灰白色以及每种高明度色相，均可认为是无彩色。完全由无彩色构建的色彩系统，显得非常平静。但由于黑与白的强烈对比，用量要适度，例如大于 2/3 为白色面积，小于 1/3 为黑色面积，如图 2-3-9 所示。

图 2-3-9　无彩色调的室内设计应用

在某些黑白色系中，可以加进一种或几种纯度较高的色相，如黄、绿、青绿或红，这和纯粹单色调的性质不同，因无彩色占支配地位，彩色只起到点缀作用，也可称其为无彩色与重点色相结合的色调。这种色调，色彩丰富而不紊乱，彩色面积虽小但重点突出，在实践中被广泛运用。

三、软装色彩搭配

1. 软装设计色彩分类

由于室内物件的品种、材料、质地、形式和彼此在空间内层次的多样和复杂，室内色彩的统一性显然居于首位。一般可归纳为下列几类色彩部分。

（1）背景色

图 2-3-10　背景色在软装中的应用

例如墙面、地面、天棚，它们占有极大面积并起到衬托室内一切物件的作用，因此，其颜色作为背景色，是色彩设计中首先要考虑和选择的问题，如图 2-3-10 所示。

不同色彩在不同的空间背景（天棚、墙面、地面）的位置，会对房间的性质、人的心理和情感反应产生不同的影响。一种特殊的色彩可能适用于地面，但当它用在天棚上时，则可能产生完全不同的效果。现将不同色彩用于天棚、墙面、地面时的效果做简单分析（见表 2-3-1）。

表 2-3-1　不同色彩用于天棚、墙面、地面时的效果

颜色	用于天棚	用于墙面	用于地面
红色	干扰、重	进犯、向前	留意、警觉
粉红色	精致、舒适	软弱	过于精致、较少采用
褐色	沉闷压抑、重	稳妥	稳定、沉着
橙色	引起注意、兴奋	暖、发亮	活跃、明快
黄色	发亮、兴奋	暖	上升、有趣
绿色	安全	冷、安静、可靠	自然、柔软、轻松、冷
蓝色	冷、重、沉闷	冷、远	引起易运动的感觉、结实
灰色	暗	讨厌的中性色调	中性
白色	空虚	枯燥乏味、没有活力	禁止接触
黑色	空虚沉闷、难以忍受	不祥、像地牢	奇特、难以理解

（2）家具色彩

不同品类、规格、形式、材料的家具，如橱柜、梳妆台、床、桌、椅、沙发等，它们是室内陈设的主体，是表现室内风格、个性的重要元素，它们和背景色有密切关系，常成为控制室内总体效果的主体色彩，如图 2-3-11 所示。

图 2-3-11　家具色彩在软装中的应用

（3）织物色彩

织物包括窗帘、帷幔、床罩、台布、地毯等织物以及沙发、座椅等蒙面织物。室内织物的材料、质感、色彩、图案千姿百态，它们和人的关系更为密切，在室内色彩中起着举足轻重的作用，如果不注意就可能成为干扰因素。织物可用于背景，也可用于重点装饰，如图 2-3-12 所示。

图 2-3-12　织物色彩在软装中的应用

（4）陈设色彩

灯具、电视机、电冰箱、热水瓶、烟灰缸、日用器皿、工艺品、绘画雕塑，这些生活用品、家电及陈设装饰的体积虽小，却可起到画龙点睛的作用，不可忽视。在室内色彩中，陈设色彩常作为重点色彩或点缀色彩，如图 2-3-13 所示。

（5）硬装修色彩

硬装修如门、窗、通风孔、墙裙、壁柜等，它们和背景色彩有着密切的联系，如图 2-3-14 所示。

图 2-3-13　陈设色彩在软装中的应用

图 2-3-14　硬装修色彩在软装中的应用

（6）绿化色彩

盆景、花篮、吊篮、插花以及不同盆栽花卉、植物，有着不同的姿态色彩、情调和含义，如能和其他色彩搭配得当，对于丰富空间环境、创造空间意境、强化生活气息、软化空间肌体，有着特殊的作用，如图 2-3-15 所示。

图 2-3-15　绿化色彩在软装中的应用

根据上述分类，室内色彩大致可概括为三大类：

一是大面积的色彩，成为对室内其他物件起衬托作用的背景色。

二是在背景色的衬托下，以在室内占统治地位的家具为主体色。

三是作为室内重点装饰和点缀的面积虽小却非常突出的重点色，或称强调色。

以什么为背景、主体和重点，是色彩设计首先考虑的问题。同时，不同色彩物体之间的相互关系形成了多层次的背景关系，如沙发以墙面为背景，沙发上的靠垫又以沙发为背景，那么，对靠垫来说，墙面是大背景，沙发是小背景或称第二背景。

另外，在许多设计中，如墙面、地面，也不一定只是一种色彩，可能会交叉使用多种色彩，图形色和背景色也会相互转化，这些同样须予以重视。

2. 软装色彩设计原则

色彩的统一与变化是色彩构图的基本原则，所采用的方法均是为实现此原则而做出的选择，因此应着重考虑以下问题。

（1）主调选择

室内色彩应有主调或基调，冷暖、性格、气氛都需通过主调来体现。对于规模较大的建筑，主调更应贯穿整个建筑空间，在此基础上再考虑局部的、不同部位的适当变化。主调的选择是一个决定性的步骤，因此要求必须与反映的主题十分贴切，即希望通过色彩达到怎样的感受，是典雅还是华丽，是宁静还是活跃，是淳朴还是奢华。用色彩语言来表达主调是很不容易的，要在许多色彩方案的比较中，认真仔细地去鉴别和挑选。如北京香山饭店，为了表达江南民居朴素、雅静的意境，并与优美的外部环境相协调，在色彩上采用了以接近无彩色的体系为主题，不论墙面、顶棚、地面、家具、陈设，都贯穿了这个色彩主调，从而给人以统一的、完整的、深刻的、难忘的、有强烈感染力的印象，如图 2-3-16 所示。主调一经确定为无彩系，设计者就绝对不应再迷恋其他色彩缤纷的各种织物、用品、家具，而是要大胆地将黑、白、灰这种色彩用到平时不常用的物件上去。这就要求设计者摆脱世俗的偏见和陈规，所谓“创造性”也就体现在这里。

（2）大部位色彩的统一协调

主调确定以后，就要考虑色彩的选色部位及其比例分配。作为主色调，一般应占有较大比例，而次色调作为与主色调相协调（或对比）的色调，只占很小的比例。

图 2-3-16　北京香山饭店用色实例

室内色彩的分类，在室内色彩设计时绝不能作为色彩关系的唯一依据。分类可以简化色彩关系，但不能代替色彩构思，因为大面积的界面，在某种情况下，也可作为室内色彩的重点表现对象。例如，室内家具较少或周边布置家具时，地面就成为视觉的焦点，应予以重点装饰。为此，可以采取不同的色彩层次或缩小层次的变化，从而确定图底关系，突出视觉中心，例如：

1）用统一顶棚、地面色彩来突出墙面和家具。

2）用统一墙面、地面色彩来突出顶棚和家具。

3）用统一顶棚、墙面色彩来突出地面和家具。

4）用统一顶棚、地面、墙面色彩来突出家具。

这里应注意的是：如果家具离周围墙面较远，如大厅中岛式布局方式，那么，家具和地面可看作相互衬托的层次。这两个层次可用对比方法来加强变化，也可用统一办法来削弱变化或各自结为一体。

在做大部位色彩协调时，有时可以仅突出一两件陈设，即用统一顶棚、地面、墙面、家具来突出陈设，如墙上的画、书橱上的书、桌上的摆设、座位上的坐垫以及灯具、花卉等。因室内各物件的材质不同，即使色彩一致，但还是可以呈现十分丰富的色彩效果，这也可算作室内色彩构图中具有丰富性和变化性的有利因素。因此，无论色彩简化到何种程度也绝不会显得单调。

色彩的统一还可以限定选用材料来获得。例如用大面积木质地面、墙面、顶棚、家具等，也可以用色、质一致的蒙面织物来装饰墙面、家具等。花卉盛具和某些陈设品，还可以采用成套使用的办法来获得材料的统一性。

（3）加强色彩的魅力

背景色、主体色、强调色三者之间的色彩关系不是孤立的、固定的，如果机械地理解和处理，必然千篇一律，单调乏味。设计师在进行室内色彩设计时，既要有明确的图底关系、层次关系和视觉中心，又要不刻板、不僵化，从而达到丰富多样的效果。

室内的趣味中心或室内的重点，是构图需要考虑的，它可以是一组家具、一幅壁画、床头靠垫或其他物件，可以通过色彩来加强它们的表现力和吸引力。但加强重点时，不能造成色彩的孤立。

总之，解决色彩之间的相互关系是色彩构图的中心。室内色彩可以统一划分成许多层次，色彩关系随着层次的增加而复杂，随着层次的减少而简化，不同层次之间的关系可以考虑为背景色或重点色 （通俗地说，就是衬色和显示色 ）。背景色为大面积的色彩，宜用灰调；重点色为小面积的色彩，在彩度、明度上比背景色要高。在色调统一的基础上，可以采取加强色彩力量的办法，即重复、韵律和对比来强调室内某一部分的色彩效果。室内的趣味中心、视觉焦点或重点，同样可以通过色彩的对比等方法来加强其效果。通过色彩的重复、呼应、联系，可以加强色彩的韵律感和丰富感，使室内色彩达到多样统一，统一中有变化，不单调、不杂乱，使色彩之间有主有从、有中心，形成一个和谐的整体。

3. 软装色彩搭配要点

软装色彩搭配时，首先要掌握一些色彩方面的知识，提高审美水平。搭配要整体规划，有整体的搭配风格，不要喜欢什么就随意往上加什么。给房间色彩分出主次，既有主导房间温感颜色的，也有协调温感颜色的。一个空间的主色最多不要超过四种，若不擅长搭配，则主色越少越好。

（1）用色彩优化空间

软装饰作为室内设计的一部分，从属于整个室内环境，需要与室内设计的整体风格一致。因此，在进行室内软装饰设计时，搭配应与硬装环境和谐，从而弥补硬装环境空间存在的某些缺憾，如图 2-3-17 所示。

可以用色彩的调和来对视觉空间效果进行处理，保证小空间不让人压抑，大空间没有空旷和孤独感，可以通过灯饰、窗帘、墙面等的配色来实现，如图 2-3-18 所示。

图 2-3-17　用色彩优化空间

图 2-3-18　用色彩调和空间

冷暖、进退、轻重、软硬，膨胀与收缩、兴奋与沉静、华丽与质朴，这些不同的视觉感受，都可以通过软装色彩以及材料本身的不同质感体现出来。

不同色彩、质感的软装，也可以弥补空间单调感，呈现立体、生动的效果，还可以通过色彩的远近视觉变化，拉伸、扩展空间，增加空间的层次感。例如，暖色收缩空间，使空旷的空间变小，而冷色则具有扩展空间的作用等。如果居室面积大，可摆放几组高大、深色的组合柜，如果房子窄小，可以买一些中性色彩或浅色的家具。通过色彩的对比，也可以实现大方、庄重、高雅、富有现代感的空间气质，如图 2-3-19 所示。

（2）软装色彩与居住者个性的统一

室内软装是为居住者营造良好生活环境的艺术体现，是“大家庭”中的一个“小世界”，这就要求在进行软装设计时，充分考虑居住者的个性与喜好，与居住者个人追求达成一致。

图 2-3-19 用色彩的冷暖增加空间层次感

图 2-3-20　软装色彩与居住者个性相统一

只有与居住者的年龄、审美、习惯、偏好等相统一，才能塑造和谐的效果。软装设计最终是为人服务的，只有把居住者的需求放在第一位，才能使设计人性化。只有对不同的居住者做深入的研究，才能营造出个性化的室内环境，也只有坚持"以人为本"的宗旨，才能营造出理想的现代室内软环境，如图 2-3-20 所示。

如果软装色彩选择与居住者性格存在显著的差异，对居住者的心情会带来负面影响。所以要注意色彩在体现个人性格特征的同时，也需要通过色彩搭配来做好和谐平衡。

比如太强烈刺激的色彩易使人产生烦躁的感觉，容易引起性格张扬的居住者的冲动。如果个人办公室如此装饰，则容易影响事业的发展。反之，对于那些性格内向、生性温和或不太自信的人来说，却可能对其信心的提升产生促进作用，会使人变得自信。

不同的色彩给人不同的视觉感受，能够在第一时间展现居住者的性格特点。例如室内空间采用明快的橙色、黄色为主色，能够营造出开朗、活泼的氛围（见图 2-3-21）；而以冷色调的蓝色、紫色为主色，能够表现出平静、稳重的感觉；以中性色的绿色为主色搭配白色、木色等，则具有自然、舒适的视觉感受（见图 2-3-22）。

除了颜色，软装的花形也是影响装饰效果的重要元素之一。例如碎花具有文静、质朴的感觉，而大花则显得热烈奔放。

把软装的色彩和花形结合起来搭配，如橙色配大花织物，气氛会显得更加活泼；而蓝色配大花织物，则能够在沉静感中增加一丝活泼，避免空间过于沉闷。在选择软装时将这些因素考虑进去，可以更好地体现居住者的性格特点。

（3）软装陈设的色彩与整体色调需协调统一

在软装中，色彩搭配是在主色调的基础上进行的。软装陈设物之间色彩的和谐也是必须考虑的因素，色彩搭配不当带来的视觉反差会破坏整体环境的美感，显得多余和不伦不类，让人有突兀感。一个空间内的物品如果搞得

图 2-3-21　以黄色为主色能够营造出开朗、活泼的氛围

图 2-3-22　以中性色的绿色为主色搭配白色、木色，营造舒适的视觉感受

花里胡哨，会让人产生浮华失重的感觉，如图 2-3-23 所示。

在整体视觉效果的感召下，色彩搭配对整个软装环境具有和谐、补充和统一的作用。首先是和谐，只有色调和谐才有视觉上的美感；其次是补充，软装饰和硬环境具有相互渗透性，同时也是为硬环境添彩而进行的艺术点缀；最后是和个人倾向的统一，居室环境是为居住者设计的，因此室内软装的色彩更需要这样的和谐和补充来保持与居住者个性的协调统一，如图 2-3-24 所示。

另外，不同功能的空间有自身陈设布置的要求，例如，家居和办公室空间有不同的装饰诉求，在色调环境的影响下，色彩风格应尽量保持统一。

图 2-3-23　软装陈设色彩不和谐

图 2-3-24　色彩搭配应尽量保持协调统一

如卧室的窗帘和床上用品、挂画等色调应和谐一致，书房和书桌、书柜、文房四宝、书画挂件应色彩协调，客厅沙发、茶几及其他陈设应色彩相近（见图 2-3-25）。

如果在豪华现代的热烈色彩软装氛围中，添加一件幽婉沉寂、伤感韵味的陈设，只会画蛇添足，破坏大气奢华的视觉印象，使人产生居住者浮华不实的印象。

图 2-3-25 客厅沙发、茶几及其他陈设色彩相近

（4）根据时令调换软装色彩

室内空间可以通过软装色调来弥补不同季节时令的不足。例如，冬季可以选择橘红、粉红、淡黄等暖色调来营造温暖的氛围，同时点缀几个冷色系，这样可更加突出暖色调；夏季则可以更换为清凉色系，比如淡蓝、淡紫色、绿色等。如图 2-3-26 所示为根据时令调换淡蓝色软装。

图 2-3-26 根据时令调换淡蓝色软装

这样的做法不需要更换大件家具，也不必频繁移动家具的位置，不大的居室既能呈现出不同的面貌，又能够给人焕然一新的感觉，十分经济、便捷。春天可用亮调的浅色，色彩可随意；夏天最好用绿色、蓝色等冷色调，这样一进入屋内就会有凉爽的感觉，不会因为炎热而心烦气躁。

窗帘最好是双层的，里层薄，外层厚，既能调节光线，又能调节温度，秋天和春天一样，可以选用橙色、橘红等系列。

4. 软装色彩搭配注意事项

软装色彩搭配要从室内整体色彩环境出发，在硬装饰主色彩的基调上把握色彩规律，一般遵循的原则是“大调和、小对比”。色彩基调是由吸引视线最多的色块决定的，一般为地面、墙面、顶棚、落地窗帘等的色彩。色彩的协调性和完美性则取决于在色彩基调的基础上利用软装陈设加以搭配的色彩组合。以下是软装设计色彩搭配的 10 个注意事项：

（1）不要用蓝色装饰餐厅

蓝色具有调节神经、镇静安神的作用。科学研究表明，冷色调的食物会让其看起来不健康，因此蓝色的餐桌或放在蓝色餐垫上的食物，不如在暖色环境看着有食欲。

（2）黑白等比太花哨

在一些年轻人的认知中，黑白配色的房间很有现代感，是一些时尚人士的首选。但如果在房间内把黑白色等比使用，就显得过于花哨了，若长时间处于这种环境中，会使人眼花缭乱，紧张、烦躁，无所适从。

（3）紫色会给人带来空间压抑感

对于追求时尚的人来说，最推崇的莫过于紫色了。紫色显得神秘高贵，但是在装修房屋的时候，大面积的紫色会使空间整体色调变深，从而产生压抑感。不建议把这种颜色应用于居室内或孩子的房间中，因为长时间处于这种环境，会让人产生无奈、压抑的感觉。

（4）粉红色会让人产生烦躁的情绪

大量使用粉红色容易使人心情烦躁。有的新婚夫妇为了调节新居气氛，喜欢用粉红色制造浪漫。但是，浓重的粉红色会让人的精神处于亢奋状态，过一段时间后，居住其中的人会产生莫名其妙的心火，容易拌嘴、烦躁。建议将粉红色作为居室内的点缀，或将颜色的浓度稀释，淡淡的粉红色墙壁或壁纸能让房间变得温馨。

（5）红色不能长时间作为空间主色调

中国人认为红色是吉祥色，不仅代表喜庆，更象征着高贵。从古至今，新婚的喜房就都是满眼红彤彤的。红色还具有热情、奔放的含义，这种颜色固然好看，但是假如屋内红色过多，会让眼睛负担过重，而且会使人一直处于兴奋状态，时间长了容易暴躁，因此，不能长时间让房间处于红色的主调下。

（6）不要用单一的金色装饰房间

金色熠熠生辉，能显示大胆和张扬的个性，在简洁的白色衬映下，感觉很干净。但金色是最容易反射光线的颜色，金光闪闪的环境对人的视线伤害最大，容易使人神经高度紧张，不易放松。

因此，应避免大面积使用单一的金色装饰房间，可以将其作为壁纸、软帘上的装饰色使用；在卫生间的墙面上，可以使用金色的马赛克搭配清冷的白色或不锈钢。为了让居室的环境更有亲和力，不妨在角落里摆放些绿色的小盆栽，使房间有丝丝的清新宁静。

（7）橙色会影响睡眠质量

橘红色或橙色是生气勃勃、充满活力的颜色，是收获的季节里特有的颜色。将其用在卧室则不容易使人安静，不利于睡眠，但用在客厅则会营造欢快的气氛。同时，橙色有诱发食欲的作用，所以也是装点餐厅的理想色调。将橙色和巧克力色或米黄色搭配在一起也不错，巧妙的色彩组合对于追求时尚的年轻人来说，可以大胆尝试一下。

（8）不要在书房使用黄色

水果黄带着温柔的特性；牛油黄散发着原动力，金黄色带来温暖。黄色还具有稳定情绪、增进食欲的作用。但是长时间接触高纯度黄色，会让人产生慵懒的感觉，如用在书房，会减慢人思考的速度。

（9）黑色忌大面积运用

黑色在五行中属水，是相当沉寂的色彩，所以一般很少有人会用黑色装饰卧室墙面。很多人将黑色用在卫生间，但同时也要注意搭配比例。建议在大面积的黑色当中点缀适当的金色，会显得既沉稳又奢华；而与白色搭配更是永恒的经典；与红色搭配时，气氛浓烈火热，一般应该在饰品上使用纯度较高的红色点缀，会显得神秘而高贵。

（10）咖啡色不是餐厅和儿童房的理想色彩

咖啡色属于中性暖色调，它优雅、朴素，庄重而不失雅致。它摈弃了金黄色的俗气，以及象牙白的单调和平庸。咖啡色本身是一种比较含蓄的颜色，但它会使餐厅气氛沉闷而忧郁，影响进餐质量；咖啡色也不宜用在儿童房间内，因其暗沉的颜色会使孩子性格忧郁。还要注意的是，咖啡色不适宜搭配黑色。为了避免沉闷的感觉，可以用白色、灰色或米色等作为填补色，使咖啡色发挥出属于它的光彩。

四、软装设计的色彩搭配应用

下面介绍软装设计的色彩搭配应用实例，如图 2-3-27 至图 2-3-32 所示。

图 2-3-27　白色布艺沙发、紫红色的缎面靠垫装饰、淡米色墙与木纹家具搭配，显得古典、高贵又温馨

图 2-3-28　白色家居里红与绿的装点，营造出浪漫的田园风格

图 2-3-29 在暖色调或者偏冷的中性色调环境中可以大范围地使用花瓶、摆设等配饰，与深木色的家具相搭配，使空间时尚温馨并能够彰显国际化情怀

图 2-3-30 白色布艺沙发、红色靠垫，配上实木家具，格外引人注目

图 2-3-31 全木质家具的原木色调与淡淡的苹果绿色墙面相配，显得环境淡雅。在配饰上再选用柔和的鸭蛋蓝色，清新时尚的餐厅便应运而生

图 2-3-32 欧式风格卧室，珠光和水晶装饰，搭配花朵图案，营造出法式浪漫气息

思考与练习

1. 简述软装设计中式风格的特点和常用元素。
2. 简述软装设计欧式风格的特点和常用元素。
3. 简述软装设计中不同的美学原则及其应用。
4. 简述色彩心理与软装设计的关系。
5. 简述软装设计色彩类型与色彩设计原则。

第三章

软装设计主要元素

学习目标

◆了解家具的类型，掌握其在软装设计中的应用。

◆了解纺织品的装饰特点及设计趋势，掌握其在软装设计中的应用。

◆了解灯具的材料和种类，掌握其在软装设计中的应用。

◆了解绿色植物和花艺的基础知识，掌握其在软装设计中的应用。

◆掌握书画作品在软装设计中的应用。

第一节 SECTION 1 家具

在室内装饰设计中，家具的运用就像服装作用于人体，因为家具设计除了要满足人们起居生活的基本需求外，还要体现出人居环境的完整设计风格，反映出居住者的职业特征、审美趣味和文化素养。

一、家具的类型

1. 实木家具

实木家具的材质主要分为硬木和软木。

（1）硬木

硬木因为木性稳定，所以制成的家具保存时间也很长。常见的硬木有紫檀、黄花梨、鸡翅木和酸枝等。

1）紫檀。紫檀是最名贵的木材，质地坚实但生长缓慢，因此大部分家具都是数块接榫而成，如出现整面板材则是相当珍贵难得的。紫檀家具色泽多为紫黑色，散发出静穆高贵的气质，如图 3-1-1 和图 3-1-2 所示。

2）黄花梨。黄花梨木材有光泽，具有轻微或显著清香气，纹理交错，结构细而匀，耐腐、耐久性强，多半出现在明清式家具上，木质致密，颜色从浅黄到暗棕。黄花梨家具使用越久，色泽越光亮，更适用于现代空间，如图 3-1-3 和图 3-1-4 所示。

❶

❷

❸

❹

❶ 图 3-1-1　紫檀木椅

❷ 图 3-1-2　紫檀木床

❸ 图 3-1-3　黄花梨桌椅

❹ 图 3-1-4　黄花梨五屏式镜台（清中期）

3）鸡翅木。鸡翅木质地坚实，有深浅相间的紫褐色纹理。鸡翅木家具线条流畅，在传统中注入了新意，在现代家居中显得别有韵味，如图 3-1-5 和图 3-1-6 所示。

图 3-1-5 鸡翅木汉宫茶台

图 3-1-6 鸡翅木书卷椅

4）酸枝。好的酸枝木料近似紫檀，但光泽与颜色略淡，色泽温厚，产量较大。酸枝家具如图 3-1-7 和图 3-1-8 所示。

❶

❷

❶ 图 3-1-7　老挝酸枝皇宫椅

❷ 图 3-1-8　老挝酸枝咖啡椅

（2）软木

软木种类繁多，制成家具后，其价格能为大多数人接受。许多软木在使用时也多与硬木搭配。

1）黑胡桃。胡桃木属木材中较为优质的一种，主要产自北美和欧洲。国产的胡桃木颜色较浅。黑胡桃在浅黑褐色中带紫色，弦切面为美丽的大抛物线花纹（大山纹）。黑胡桃非常昂贵，做家具通常使用木皮，极少用到实木。黑胡桃家具如图 3-1-9 和图 3-1-10 所示。

2）樱桃木。进口樱桃木主要产自欧洲和北美，木材呈浅黄褐色，纹理雅致，弦切面为中等的抛物线花纹，间有小圈纹。樱桃木也是高档木材，做家具通常也是用木皮，很少用实木。樱桃木家具如图 3-1-11 和图 3-1-12 所示。

1

2

❶ 图 3-1-9 黑胡桃家具一

❷ 图 3-1-10 黑胡桃家具二

❶

❷

❶ 图 3-1-11　樱桃木办公桌

❷ 图 3-1-12　樱桃木书桌

3）榉木。这里介绍的榉木是指山毛榉，与中国传统家具中“南榉北榆”的榉木是两回事。榉木色泽明亮浅黄，有密集的“针”（射线），弦切面有山纹。进口榉木在国内属于中高档木材，常用木皮，也用实木制作餐椅和小方条等。榉木家具如图 3-1-13 和图 3-1-14 所示。

4）枫木。枫木色泽浅黄，有小山纹，最大特征是有“影”（局部光泽明显）。枫木是中档木材，木皮和实木都很常见。枫木家具如图 3-1-15 所示。

图 3-1-13　榉木花几

图 3-1-14　榉木圈椅（清）

图 3-1-15　枫木家具

图 3-1-16　桦木家具

5）桦木。桦木色泽浅黄，其特征是多“水线”（黑线）。桦木也是中档木材，实木和木皮都较为常见。桦木家具如图 3-1-16 所示。

6）柞木。柞木材质重而硬，结构粗，木射线很明显，力学强度高，木材很不易干燥，加工困难，耐磨损，胶结不易，但着色性能、弯曲性能好，常用作家具表面材料和做薄木贴面。柞木家具如图 3-1-17 所示。

7）松木。松木不需雕饰，纹理清晰，线条细腻，带有松香味，有漂亮的结疤。松木家具生产过程要求高，需要干燥除脂。松木家具如图 3-1-18 所示。

图 3-1-17　柞木家具

图 3-1-18 松木家具

2. 板式家具

板式家具是以人造板为主要基材，以板件为基本结构的拆装组合式家具，是全部经表面装饰的人造板材加五金件连接而成的家具。常见的人造板材有胶合板、细木工板、刨花板、中纤板等。板式家具常见的饰面材料有薄木（俗称贴木皮）、三聚氰胺浸渍纸、木纹纸（俗称贴纸）、PVC 胶板、聚酯漆面（俗称烤漆）等。后三种饰面通常用于中低档家具，而天然木皮饰面则用于高档产品。

板式家具具有可拆卸、造型富于变化、外观时尚、不易变形、质量稳定、价格实惠等基本特征。因为基材打破了木材原有的物理结构，所以在温度、湿度变化较大时，人造板的变形要比实木小得多，板式家具质量要比实木家具稳定。板式家具如图 3-1-19 所示。

3. 软体家具

软体家具主要是指以海绵、织物为主体的家具，如沙发、床等。软体家具主要分为布艺家具和皮制家具，如图 3-1-20 和图 3-1-21 所示，包含休闲布艺、真皮、仿皮、皮加布类的沙发和软床。软体家具主要依靠手工制作。主工序包括钉内架、粘海绵、打底布、裁皮、车外套和扪皮等工序。在人们越来越重视生活品质的今天，软体家具因色彩清雅、线条简洁，适合各种风格的居室，具有独特的魅力而广受人们喜爱。

❶

❷

❸

❶ 图 3-1-19　板式家具

❷ 图 3-1-20　布艺家具

❸ 图 3-1-21　皮制家具

4. 藤编家具

藤编家具是古老的家具之一。在我国南方，人们习惯将藤条做成橱、柜、几、案、屏、架、椅、桌和床。藤编家具颇有豪迈典雅的气派，既不失淳朴自然、清新爽快的特色，又充满现代气息和时尚特色，如图 3-1-22 所示。

图 3-1-22 藤编家具

5. 竹编家具

竹编家具包括圆竹家具、竹集成材家具、竹重组材家具和竹材弯曲胶合家具等，它是绿色家具的典范，其造型轻巧且独具材料肌理和编织纹理的天然美，具有其他材料家具所没有的特殊品质，受到人们的喜爱，尤其是迎合了现代社会返璞归真的潮流，拥有广阔的市场前景。竹编家具如图 3-1-23 所示。

图 3-1-23 竹编家具

6. 金属家具

凡以金属管材、板材或棍材等作为主架构，配以木材、各类人造板、玻璃、石材等制造的家具和完全由金属材料制作的铁艺家具，统称金属家具。

金属家具极具个性风采，色彩选择丰富、品类多样，具有折叠功能和美学价值，货品物美价廉。金属家具的结构形式多种多样，通常有拆装式、折叠式、套叠式、插接式等，如图 3-1-24 所示。

图 3-1-24　金属家具

二、家具在软装设计中的应用

1. 满足使用功能

（1）分隔空间

为了提高大空间的使用效率，增强室内空间的灵活性，常用家具作为隔断，将室内分隔为功能不一的若干个空间。这种分隔方式的特点是灵活方便，可随时调整布置方式，不影响原有空间结构形式，但隔音效果较差，常用于住宅、商店及办公楼的室内分隔。

在房屋户型相对较小、客厅和餐厅之间无明显界线，且使用需求不同的空间，如果直接用墙体进行隔断形成实体空间，难免显得拥挤；反之，如果在设计时，充分利用家具灵活方便移动的特征，结合人们的心理需求，将家具作为分隔之用，使之看似有空间的划定，实则无明显划分，这样既保证了空间原有的宽敞性，又满足了人们对使用功能的要求。

如利用橱柜来分隔房间；在厨房与餐厅之间，利用吧台、酒柜来分隔空间；在商场、超市利用货架、货柜来划分区域等。因此，应该把室内空间的分隔和家具摆放结合起来考虑。在可能的情况下，通过家具分隔既能减少墙体的面积，减轻建筑自重，提高空间利用率，又可在一定条件下，通过家具布置的灵活变化达到适应不同功能需求的目的。

（2）组织空间

通过对室内空间中所使用家具的组织，可将室内空间分成几个相对独立的部分。如用家具把室内空间分成起居区、睡眠区，以合理安排人在空间内的活动，同时也划分了人员的活动流向。经过对家具的重新组织，可使较凌乱的空间在视觉上和心理上变成有序的空间，如图 3-1-25 所示。

图 3-1-25　空间家具的组织

（3）调整空间布局

众所周知，家具布置不当会使室内整体布局失去均衡，相反，通过调整家具的布置形式，可以获得空间布局上的合理性和舒适感。

2. 丰富精神功能

（1）陶冶审美情趣

家具的配置在很大程度上反映出居住者的文化程度、职业特点、性格爱好和审美趣味。人们生活在室内家具环境中，不可避免地要接受家具艺术的熏陶和影响。随着家具艺术的发展，人的审美情趣也随之不断变化，而人们审美观的改变，又进一步促进了家具艺术的发展，如图 3-1-26 所示。

（2）反映文化传统

每个民族都有自己的文化传统和风土人情。在室内空间布置具有民族传统风格和特色的家具，能给人以丰富的文化联想和遐思。随着现代建筑空间处理日趋简洁明快，在室内环境中合理配置具有民族特色的家具，不仅能体现民族的文化传统，而且还能给观者留下较为深刻的印象，如图 3-1-27 所示。

❶

❷

❶ 图 3-1-26　陶冶审美情趣的家具

❷ 图 3-1-27　反映文化传统的家具

（3）形成特定气氛

室内空间的艺术气氛是由室内各种因素经多种设计手法综合处理后的结果，其中家具配置是不可或缺的，它会直接影响室内氛围的形成。同一室内空间，如果家具布置形式、质地、款式和色彩不同，氛围也会大不一样。

如竹制的家具能给室内空间营造一种乡土气息，使室内氛围质朴自然；而选用红木家具，则能给人以苍劲古朴的感觉，使室内氛围古色古香，如图 3-1-28 所示。

图 3-1-28　形成特定气氛的家具

3. 调节室内色彩

家具的色彩和质地对室内的氛围营造起着重要的作用。家具色彩选择前应首先对室内整体环境色彩进行总体控制与把握，即室内空间六个界面的色彩一般应统一、协调，但过分的统一又会使空间显得呆板、单调。

如图 3-1-29 所示，家具的造型和色彩赋予室内空间以生命力。塑料制品及软织物色彩丰富、装饰性强，使空间极富情趣，给人以轻巧柔美之感；天然材料的本色和质地，使室内具有柔美、温馨的气质，充满自由、自然的风情，给人以亲切、温柔、高雅的感受；冷峻简洁的玻璃、金属等人造材质，则使空间更加灵动多变、精致时尚，具有现代感。在进行室内家具色彩与质感设计时，应注意统一与变化的原则。

家具的色彩与质感仅占空间色彩、质感的一部分，但却影响到空间环境的整体氛围，因此不能孤立地考虑。在室内设计中，界面的色彩、质感往往成为家具的背景，可采用调和、对比的手法来处理，或和谐统一、幽雅宁静，或活跃而有生气。如用材质相同，而色系不同的材料作为家具的表面造型分割，则既可表现统一的原则，又有变化的特色，是设计的常用手法。总之，家具的色彩与质地的设计必须根据室内环境及使用功能进行整体考虑。

图 3-1-29　家具的造型和色彩赋予室内空间以生命力

4. 营造空间气氛

家具是一种具有文化内涵的产品，它实际上体现了一个时代、一个民族的生活习俗，其演变也体现了社会文化以及人的心理行为和认知的发展。每一个民族文化的发展、演变都对室内设计及家具风格产生了极大的影响。换言之，不同时期的家具反映出不同时期的社会文化背景及民族特色，不同的室内空间也因为家具风格的不同令人产生不同的心理感受。

家具设计属于室内陈设的一部分，任何一个不和谐因素的出现都会破坏其整体性。所以，家具作为室内陈设的一部分，其装饰作用与整个室内空间所呈现出来的氛围是密切相关的。只有当整体达到和谐统一时，才能真正体现出装饰的美感。因此，家具的造型、色彩、材料与风格等因素应与整个室内环境的风格协调一致。通常，现代风格的室内空间应配置造型简练的现代家具，中式仿古风格的室内空间应匹配具有古典风格的中式家具才能相得益彰。当然，若在现代风格的室内空间内放置中西合璧式的家具，只要设计合理也不失为一种好的布置形式。

从人的心理特征来看，家具的选择与人们的年龄、职业、文化素养等有关。一般老年人都偏爱稳重、色彩深沉、纹理自然、装饰性强、具有古典样式的家具，年轻人则喜欢造型独特、色彩明朗、线条流畅简洁的家具。如图 3-1-30 所示为儿童房卡通家具设计，色彩鲜明、生动活泼的卡通家具造型，增加了趣味性，让孩子们的成长充满欢乐和惊喜。

图 3-1-30　卡通家具增加儿童房的趣味性

第二节 SECTION 2 纺织品

纺织品软装以其独特的质感、色彩及设计，赋予室内空间自然、亲切和轻松的感受，因此越来越受到人们的喜爱。它包括地毯、壁毯、墙布、顶棚织物、帷幔窗帘、蒙面织物、坐垫靠垫、床上用品、餐厨织物、卫生盥洗织物等，既有实用性，又有很强的装饰性。

一、布艺纺织品的装饰特点

布艺在现代家庭中越来越受到人们的青睐，如果说家庭使用功能的装修为“硬饰”，而布艺作为“软饰”在家居中独具魅力，它柔化了室内空间生硬的线条，赋予居室一种温馨的格调，或清新自然，或典雅华丽，或温馨浪漫……在布艺风格上，可以很明显地感受不同风格的特色，但是却无法简单地用欧式、中式或其他风格来概括，各种风格互相借鉴、融合，赋予了布艺不羁的性格。最直接的影响是它对于家居氛围塑造作用的加强，因为采用的元素比较广泛，让它跟各种风格的家居都可以搭配，而且会让人产生完全不同的感受。

二、布艺纺织品的设计趋势

布艺装饰能为家居起到画龙点睛的作用，能很好地诠释居住者的喜好和品位，所以布艺在家居中的地位已大大提升，不再充当配角。布艺设计在“重装饰，轻装修”的今天有以下几种趋势：

1. 更强调整体的搭配

布艺强调与整体家居风格的融合。整体家居布艺已经成为一大趋势，不少厂商都打出了“整体家居设计”的概念，布艺从简单的窗帘、床上用品、坐垫等单一产品延伸为完整的系列。从沙发、桌布、床罩到窗帘都可以在一个地方配齐，能更好地从整体上表现家居风格，搭配得既有个性又和谐。同时，布艺对灯光的使用也很有讲究，要配合布艺的特殊光泽和质感，给人温馨的家居体验，如图 3-2-1 所示。

2. 崇尚清新的自然主义

随着绿色环保理念不断深入人心，自然主义日渐成为家居的流行趋势，人们希望从都市回归田园的那种恬静和自在感觉，因此，田园风格也是布艺的一大潮流。田园风格大多取自自然的元素，最有代表性的是花朵和格子图案，无论是大片细碎的花朵，边角处不经意点缀的一两朵大花，或是纯色的格子图案，都大行其道。

不过田园风格在用色上并不十分张扬，没有太饱满、浓烈的色彩，更多的是一些偏向于自然的清新颜色，比如粉红、粉紫、粉绿、粉蓝、橙色、白色等，都有一种浪漫的情怀，如图 3-2-2 所示。

❶

❷

❶ 图 3-2-1　整体搭配的布艺

❷ 图 3-2-2　崇尚清新的自然主义布艺

3. 抽象唯美的传统风格

充满东方意境的民族元素常常在国际展会上大放异彩，用在布艺设计上则更加凝练。以往很写实的中式元素变得比较抽象，但是却能让观者体会到典雅唯美的风范。图案不再像以往那样注重复杂的线条，而是在用色上突显特殊的层次和立体感。颜色也更加明快和现代，既有历史的传承，又有时尚的演绎。近年来，仿古家居脱颖而出，成为一种很受欢迎的时尚风格，传统中式风格布艺也有了很好的发挥空间。同时，随着传统风格被人们接受，即使作为现代风格家居中的调剂和点缀，传统中式风格布艺的出现也收到很好的效果，如图 3-2-3 所示。

图 3-2-3　抽象唯美的传统风格布艺

4. 简单奢华的都市情调

提到奢华，人们首先想到的是层层的褶皱、重重的帷幔，或者是繁复的装饰。不过随着都市生活方式不断由外在向内涵的发展，简约主义日渐流行，人们追求闲适生活的态度催生出了一种简约的奢华风格。同样是高档的材质、精细的做工，在装饰上却没有厚重、压抑的感觉，而是给人轻盈、淡定、收放自如的感觉。

比如，多层布艺装饰会通过材质的对比找到一种平衡，摒弃了过于复杂的肌理和装饰，造型线条也更为流畅和大气。甚至一幅纯色的布上只用几朵简单的花朵装饰，但是由于花朵选用了特别的材质和色彩，立体感很强，依然能透出华丽的感觉，如图 3-2-4 所示。

图 3-2-4 简约奢华的都市情调布艺

三、常见布艺纺织品软装设计

1. 布艺窗帘

布艺窗帘是使用装饰布经设计缝纫而做成的窗帘，家庭常用一层窗纱、一层布帘。

窗帘轨有窗帘滑轨和窗帘杆之分。窗帘滑轨一般安装在窗帘盒内；窗帘杆本身是装饰品，可用于明装。

布艺窗帘面料有纯棉、麻、涤纶、真丝等，也可由几种原料混织而成。棉质面料质地柔软、手感好；麻质面料垂感好，肌理感强；真丝面料高贵、华丽；涤纶面料挺括、色泽鲜明、不褪色、不缩水。布艺窗帘的特点是风格多样，或自然、或粗犷、或飘逸，层次感强，如图 3-2-5 所示。

图 3-2-5 布艺窗帘

2. 布艺沙发

布艺沙发是指主料是布的沙发，经过艺术加工，达到一定的效果，满足人们的审美及生活需求。布艺沙发按材料分为纯布沙发和皮布结合沙发。按款式分为休闲布艺沙发和欧式布艺沙发。目前，在沙发家具市场上，布艺沙发已成为主导，尤其以美式布艺沙发为代表。美式布艺沙发以其严谨的结构、考究的用料、科学的设计、高雅的创意和宽大舒适而备受青睐。

丝质、绸缎、粗麻、灯芯绒等耐磨布料均可作为沙发面料，它们具有不同的特质。丝质、绸缎面料的沙发高雅、华贵，给人以富丽堂皇的感觉；粗麻、灯芯绒制作的沙发沉实、厚重，反映的是自然、朴实之风。从花型上看，可以选择条格、几何图案、大花图案及单色的面料。

条格图案的布料看起来整齐、清爽，用来制作沙发，放置在设计简洁、明快的居室中十分适宜；几何及抽象图案的沙发给人一种现代、前卫的感觉，适用于现代风格家居；大花图案的沙发跳跃、鲜明，可以清除沉闷、古板，带来生机和活力；单色面料非常盛行，大块的单一颜色给人平静、清新的感觉。布艺沙发如图 3-2-6 所示。

图 3-2-6　布艺沙发

3. 手工布艺

这里的手工布艺是指传统的手工布艺。手工布艺是以布为原料，集民间剪纸、刺绣等制作工艺于一体的综合艺术。如布偶身上的装饰性花卉等，都是通过剪和绣的工艺制作而成。中国古代的布艺主要有绣花、挑花、贴花等工艺手法，主要用于服装、鞋帽、床帐、挂包、背包、玩具和其他小件（如头巾、香袋、扇带、荷包、手帕等）的装饰。这些日常生活用品不仅美观大方，而且增强了布料的强度和耐磨性。手工布艺如图 3-2-7 所示。

图 3-2-7 手工布艺

第三节 SECTION 3 灯具

灯具在居室软装中的地位也是至关重要的。如今人们将照明的灯具叫作灯饰，从称谓上就可以看出，灯具已不仅仅用来照明，还可以装饰房间。合理地利用各种灯光效果会给居室营造出丰富多样的氛围。

一、灯具的材料

1. 水晶

正宗的水晶灯由 K9 水晶材料制作。由于天然水晶价格昂贵、瑕疵多，不适合批量使用，且资源严重不足，因此，现在的水晶灯上的水晶均为人工合成制品，是由玻璃和部分金属铅合成的，当玻璃中铅的含量达到 24% 即可称为水晶。含铅的作用就是让玻璃的透光性更好，自然光通过后折射出来的七彩光也更强。水晶灯如图 3-3-1 所示。

图 3-3-1　水晶灯

2. 软陶

软陶是一种人工的低温聚合黏土，也叫作彩陶，又称烧烤黏土。从外形上看，这种黏土的小包装类似橡皮泥，而在烘烤之前的玩法上也与橡皮泥接近。

不同颜色的软陶可以聚合、塑造成千变万化的图样和形状。软陶灯如图 3-3-2 所示。

3. 羊皮纸

羊皮纸是在高分子聚合物材料上覆盖一层薄膜，用此材料制成的羊皮灯可以很好地营造朦胧的灯光效果。就灯具而言，由于其制作工艺相对简单，基本同质化，不同的只是造型和品牌的差异。羊皮灯如图 3-3-3 所示。

图 3-3-2 软陶灯

图 3-3-3 羊皮灯

4. 不锈钢

不锈钢是指耐空气、蒸汽、水等弱腐蚀介质和耐酸、碱、盐等化学侵蚀性介质腐蚀的钢，又称不锈耐酸钢。不锈钢灯如图 3-3-4 所示。

5. 铝合金

铝合金密度低，但强度比较高，接近或超过优质钢。其塑性好，可加工成各种型材，具有优良的导电性、导热性和抗蚀性，工业上使用广泛，使用量仅次于钢。铝合金仍然保持了铝质轻的特点，但力学性能明显提高。利用铝合金阳极氧化处理后能够着色的特点，可将其制成各种装饰品。铝合金板材、型材表面还可以进行防腐、轧花、涂装、印刷等二次加工，能制成各种装饰板材、型材，作为装饰材料。铝合金灯具如图 3-3-5 所示。

图 3-3-4　不锈钢灯

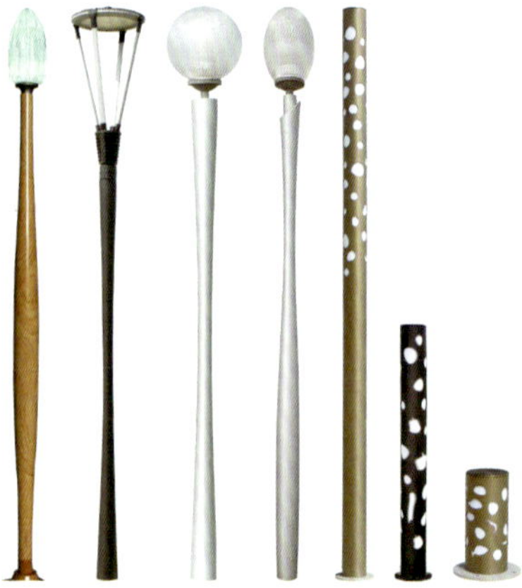

图 3-3-5　铝合金灯具

6. 亚克力

作为灯具材料，亚克力具有极佳的透明度，为无色透明有机玻璃板材，透光率达 92% 以上；具有优良的耐候性，对自然环境适应性很强，即使长时间日光照射、风吹雨淋也不会使其性能发生改变，且抗老化性能好，在室外也能安心使用；具有良好的加工性能，既适合机械加工又易热成形。亚克力板还可以染色，表面可以喷漆、丝印或真空镀膜。因此，亚克力灯具具有优异的综合性能，为使用者提供了多样化的选择。亚克力灯具如图 3-3-6 所示。

7. 玻璃

玻璃灯的通透感很好，无污染，时尚性强，造型丰富，应用广泛，成本低廉。模具成形尺寸精确，可以制造轻薄型产品，颜色丰富多变、工艺精美。玻璃灯如图 3-3-7 所示。

8. 陶瓷

陶瓷灯是指以陶瓷为主要材料制成的用于照明或其他用途的发光、发热装置，一般由造型、光源、发光形式等构成。陶瓷灯如图 3-3-8 所示。

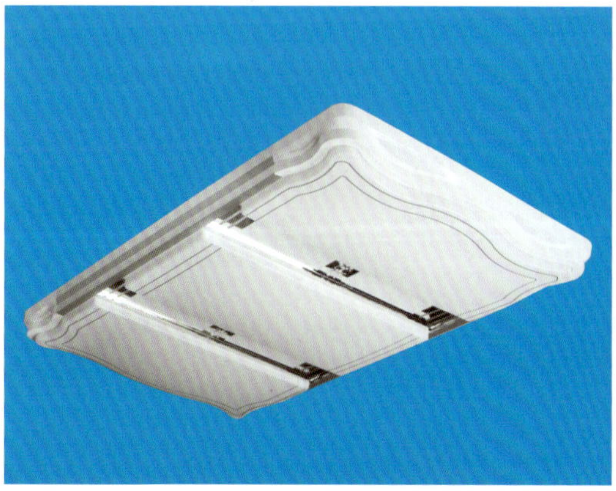

图 3-3-6　亚克力灯具

图 3-3-7　玻璃灯

图 3-3-8　陶瓷灯

二、灯具的种类

日常生活中，灯具主要包括以下几类：

1. 吊灯

吊灯的款式繁多，能够形成不同的装饰风格。常见的吊灯有欧式烛台吊灯、水晶吊灯、中式吊灯、时尚吊灯、羊皮纸吊灯、锥形罩花灯、尖扁罩花灯、束腰罩花灯、五叉圆球吊灯、玉兰罩花灯、橄榄吊灯等。用于居室的分单头吊灯和多头吊灯两种，前者多用于卧室、餐厅；后者宜安装在客厅，如图 3-3-9 所示。吊灯的安装高度，一般要求其最低点应离地面不小于 2.2 米。

图 3-3-9　多头吊灯

2. 吸顶灯

常见的吸顶灯有方罩吸顶灯、圆球吸顶灯、尖扁圆吸顶灯、半圆球吸顶灯、半扁球吸顶灯、小长方罩吸顶灯等。吸顶灯适用于客厅、卧室、厨房、卫生间等处照明。吸顶灯可直接装在天花板上，安装简便，款式简单大方，赋予空间简单明快的感觉，如图 3-3-10 所示。

图 3-3-10　吸顶灯

3. 落地灯

落地灯常用作局部照明，不讲究全面性而强调其移动的便利，对于角落气氛的营造十分实用。落地灯的采光方式若是直接向下投射，适合阅读等需要人的精神高度集中的活动；若是间接照明，可以调整整体的光线变化，如图 3-3-11 所示。落地灯的灯罩下部应离地面 1.8 米以上。

落地灯的灯光柔和，一般放在沙发拐角处，晚上看电视时，开落地灯的效果很好。落地灯的灯罩材质种类丰富，可根据自己的喜好选择。许多人喜欢带小台面的落地灯，因为可以把固定电话放在小台面上。

图 3-3-11　落地灯

4. 壁灯

壁灯适合于卧室、卫生间的照明。常见的壁灯有双头玉兰壁灯、双头橄榄壁灯、双头鼓形壁灯、双头花边杯壁灯、玉柱壁灯、镜前壁灯等，如图 3-3-12 所示。壁灯的安装高度要求其灯泡应离地面不小于 1.8 米。

5. 台灯

台灯按材质可分为陶灯、木灯、铁艺灯、铜灯等；按功能可分为护眼台灯、装饰台灯、工作台灯等；按光源又可分为灯泡、插拔灯管、灯珠台灯等。台灯如图 3-3-13 所示。

图 3-3-12　壁灯

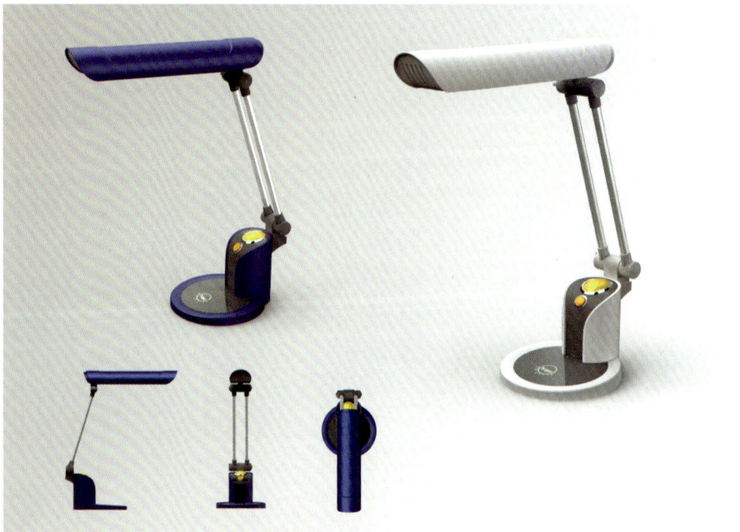

图 3-3-13　台灯

三、灯具在软装设计中的应用

灯具是整个居室装饰的有机组成部分，因此其样式、材质和光照度都要与室内功能和装饰风格协调统一，最终使灯具周边各种物体受光均匀，使人们的视觉感受良好。

1. 客厅照明设计

客厅是家里的公共空间，也是生活起居的重心。因为功能的多样性，所以灯具照明的使用也更多样，可用的如吸顶灯、嵌灯、落地灯，皆可因不同需求而设置。

客厅既是全家人活动的中心，也是接待亲朋好友的地方，利用率较高。在选择灯具的外形和档次方面，一是要考虑到和客厅整体气氛的协调；二是要力求高雅，戒浮夸奢华。客厅是家庭的门面，灯饰太平淡可能体现不出软装设计风格，并略显寒酸，太豪华则可能使来访者有心理压力，难以做到轻松自如。客厅主体照明既不能太暗，也不能刺眼炫目。当客厅人少时，可关闭主体照明灯，另外开启一盏壁灯。

（1）吸顶灯

吸顶灯上方较平，安装时底部完全贴合在天花板上，所以称之为吸顶灯。其光源主要有普通白炽灯、荧光灯和 LED 灯。目前市场上最流行的是 LED 吸顶灯。在居室空间里，吸顶灯常被用在客厅，如图 3-3-14 所示。

图 3-3-14　客厅的吸顶灯

图 3-3-15　客厅的嵌灯

（2）嵌灯

嵌灯是一种嵌装于天花板内部的隐置型灯具，所有光线都向下投射，属于直接配光。可以用不同的反射器、镜片、百叶窗、灯泡来取得不同的光线效果。嵌灯不占据空间，可增加空间的柔和气氛，如果想营造温馨的感觉，可装设多盏嵌灯，以减轻空间压迫感，如图 3-3-15 所示。

（3）落地灯

落地灯分为上照式落地灯和直照式落地灯，一般布置在客厅，与沙发、茶几配合使用，作为房间辅助照明。另外落地灯方便移动，造型多样，可以用于点缀客厅环境、提升家居空间氛围，如图 3-3-16 所示。

客厅一般以一盏大方明亮的吊灯或吸顶灯作为主灯，搭配其他多种辅助灯饰，如壁灯、筒灯、射灯等。

图 3-3-16　客厅的落地灯

就主灯饰而言，如果客厅层高超过 3.5 米，可选用档次高、规格尺寸稍大一点儿的吊灯或吸顶灯；若层高在 3 米左右，宜用中档豪华型吊灯；层高在 2.5 米以下的，宜用中档装饰性吸顶灯或不用主灯。

另外，用独立的台灯或落地灯放在沙发的一端，让间接的灯光散射于整个起坐区，用于人们交谈或浏览书报。也可在墙壁适当位置安放造型别致的壁灯，能使壁上生辉。若有壁画、陈列柜等，可设置隐形射灯加以点缀。在电视机旁放一盏微型低照度白炽灯，可减弱厅内明暗反差，有利于保护眼睛。

2. 餐厅照明设计

家庭餐厅灯光装饰的焦点当然是餐桌。灯饰一般选用垂悬的吊灯，为了达到良好的效果，吊灯不能安装得太高，在用餐者的视平线上即可。长方形的餐桌，可安装两盏吊灯或长的椭圆形吊灯，吊灯要有光线明暗调节器和位置可升降功能。中餐讲究色、香、味、形，灯光以明亮一些的暖色调为宜；而西餐就餐时，如果光线柔和一些，则可营造浪漫情调。餐厅照明设计如图 3-3-17 所示。

图 3-3-17　餐厅照明设计

3. 厨房照明设计

在安装厨房灯具时，位置要尽可能地远离炉灶，不要让煤气、水蒸气直接对灯具熏染，装置抽油烟机或排风扇即可解决这个问题，如图 3-3-18 所示。厨房需要安全、方便的灯具开关，由于灯头容易被油污、二氧化硫污染，所以不宜使用灯头开关。灯头最好用卡口式，以便在轻度生锈后比螺口灯泡更容易卸下。另外，在更换厨房灯泡时，由于灯头使用日久，锈蚀严重，常常使灯头与灯座锈牢，很难卸下更换，所以在安装灯泡时，在灯头上涂一点儿医用凡士林可以防锈，更换灯泡时，就不会碰到锈死而旋不开的情况。

图 3-3-18　厨房照明设计

4. 书房照明设计

书房的环境应文雅幽静，简洁明快。光线最好从左肩上端照射，或在书桌前方装设亮度较高又不刺眼的台灯，如旋臂式台灯或调光艺术台灯，使光线直接照射在书桌上。书房一般不需全面用光，为检索方便可在书柜上设隐形灯。若是一室多用的书房，宜用半封闭、不透明的金属工作灯，可将光集中照射到桌面上，这样既满足作业平面的需要，又不影响室内其他人的活动。人若坐在座椅、沙发上阅读时，最好采用可调节方向和高度的落地灯。

书房是读书学习的场所，应讲究灯光的局部照明效果，灯具的选择不仅应考虑亮度，而且应考虑灯光的颜色，以适合于书房宁静雅致的学习环境。一般工作和学习照明可采用功率较大的白炽灯，位置不一定在书房中央，而根据室内的具体情况来决定。灯具的造型、格调也不宜过于华丽，以典雅隽秀为宜，营造出一个安宁的阅读环境，如图 3-3-19 所示。

图 3-3-19　书房照明设计

5. 卧室照明设计

卧室是人们休息、睡觉的房间，要求有较好的私密性。光线要柔和，不刺眼，使人更容易进入睡眠状态。而穿衣化妆则需要均匀明亮的光线。

可选择光线不强、安置在天棚中间的吸顶灯为基本照明，墙上和梳妆镜旁可装壁灯，床头配床头灯。除了常见的台灯外，还有底座固定在床靠板上可调节灯头角度的现代金属灯，美观又实用。卧室照明设计如图 3-3-20 所示。

图 3-3-20　卧室照明设计

根据居住者年龄不同，卧室的灯饰也可因人而定。儿童天真活泼，儿童房可选用外形简洁生动、色彩轻柔的陶瓷灯具，以满足儿童的心理需要；青少年日趋成熟，独立意识强烈，灯饰的选择应讲究个性，色彩要富于变化；中青年性格成熟，工作繁重，灯饰的选择要考虑居住者的爱好，在温馨中求含蓄，在热烈中求清幽；老年人生活平静，卧室的灯饰应外观简洁，光亮充足，营造平和清静的意境，满足老年人追求平和的心理需求。

此外，家居灯饰要根据整体空间进行艺术构思，以确定布局形式、光源类型、灯的样式及配光方式，通过精心设计使家居灯饰做到客厅明朗化、卧室幽静化、书房目标化、装饰物重点化等，达到空间雕刻的效果。

第四节 SECTION 4 绿色植物与花艺

绿色植物与花艺也是软装设计中的重要元素，它具有生命力与设计性相统一的独特魅力，在软装设计中具有重要地位。

一、绿色植物装饰

绿色植物装饰是指一切用于美化和装饰室内环境的植物，如盆花、盆景等。它特指比较适应室内环境条件，能够较长时间生长于室内，起装饰绿化作用的植物。

1. 室内装饰植物的特点

室内装饰植物具有以下两个特点：

一是适应室内的环境条件。在室内，一般阳光不足，除朝东、朝西的阳台、窗台有些直射光外，其他位置一般阳光照不到，且室内温差较小，通风透气性也较差，在这种环境中，只有耐阴习性的植物才能适应。

二是装饰性较强。室内装饰植物宜选择装饰效果好，且观赏时间较长的植物。这些植物或是郁郁葱葱，叶色斑斓，或是叶茂枝绿，花艳飘香，或是绿叶托红果，花果并赏。

3. 盆栽植物分类

盆栽植物，即表达山水景色的盆栽。盆栽的种类很多，一般按盆栽观赏的重点，可依树型、树数、树高、树种分类。如金钱竹、马拉巴栗、兰花等都是大家喜爱的盆栽植物，如图 3-4-1 所示。

对于盆栽大小型的区分，由于培养环境不同，各有不同的看法。下面仅以大家比较认同的标准加以分类。

（1）特大型盆栽

特大型盆栽是指高度为 90 ~ 150 厘米的盆栽，如图 3-4-2 所示。在宽广的庭院中，特大型盆栽雄壮威武，曾经盛极一时，但随着生活空间的缩小，渐渐失去往日的风光。

（2）大型盆栽

大型盆栽是指高度为 75 ~ 90 厘米的盆栽。这种盆栽最多两人就可搬动，其高度是目前国内外盆栽爱好者喜欢的高度。它能将盆栽的气派、格调都充分表现出来，是居住空间较大的盆栽爱好者理想的盆栽类型，如图 3-4-3 所示。

图 3-4-1　盆栽植物

❶ 图 3-4-2　特大型盆栽

❷ 图 3-4-3　大型盆栽

（3）中型盆栽

中型盆栽是指高度为 30 ~ 75 厘米的盆栽。这是目前大众中较为流行的盆栽，一个人就可以将其自由搬动，管理方便，可任意布置于玄关、客厅、礼堂中，也是目前国际上很受欢迎、价格较高，同时也是极具观赏价值、能很好表现盆栽艺术家盆艺手法的盆栽类型，如图 3-4-4 所示。

（4）小型盆栽

小型盆栽是指高度为 30 厘米以下的盆栽。小型盆栽单手可以搬动，管理、观赏方便，可布置于茶几、书桌或小房间中，是住在都市、没有充裕空间的盆栽爱好者最适合的盆栽类型，如图 3-4-5 所示。

小型盆栽小巧玲珑，别有韵味，由于成型容易，将会紧跟着中型盆栽成为未来的主流盆栽类型，尤其是高度为 15 ~ 20 厘米的小型盆栽。

（5）超迷你盆栽

超迷你盆栽是指高度为10厘米左右的盆栽，在日本通称“豆盆栽”，如图3-4-6所示。超迷你盆栽娇小玲珑，相当可爱，一手可拿数盆。但由于体形太小，难以充分表达盆栽的意境，且养护比较困难，因此爱好者较少，较适合公寓住户。

图 3-4-4　中型盆栽

图 3-4-5　小型盆栽

图 3-4-6　超迷你盆栽

3. 室内绿化装饰的类型

室内绿化装饰方式除要符合植物本身的形态、大小、色彩及生活习性外，还要依据室内空间的大小、光线的强弱和季节变化以及需要营造的气氛而定。其装饰方法和形式多样，主要有陈列式、攀附式、悬垂吊挂式、壁挂式、栽植式及迷你型观叶植物绿化装饰等。

（1）陈列式绿化装饰

陈列式是室内绿化装饰最常用和最普通的装饰方式，包括点式、线式和片式三种。其中以点式最为常见，即将盆栽植物置于桌面、茶几、柜角、窗台及墙角，或在室内高空悬挂，构成绿色视点。线式和片式是将一组盆栽植物摆放成一条线或组成自由式、规则式的片状图形，起到组织室内空间、区分室内不同用途场所的作用，或与家具结合，起到划分空间的作用。几盆或几十盆植物组成的片状摆放，可形成一个花坛，产生群体效应，同时可突出中心植物主题。如图 3-4-7 所示为点式陈列式绿化装饰。

图 3-4-7　点式陈列式绿化装饰

（2）攀附式绿化装饰

大厅和餐厅等室内某些区域需要分割时，采用攀附植物隔离，或用带某种条形或图案花纹的栅栏附以攀附植物。攀附植物与攀附材料在形状、色彩等方面要协调，使室内空间分割合理、协调且实用，如图 3-4-8 所示。

图 3-4-8　攀附式绿化装饰

（3）悬垂吊挂式绿化装饰

在室内较大的空间内，结合天花板、灯具，在窗前、墙角、家具旁吊放有一定体量的阴生悬垂植物，可改善室内人工建筑的生硬线条造成的枯燥单调感，营造生动活泼的空间美感，且“占天不占地”，可充分利用空间，如图 3-4-9 所示。这种装饰要使用一种金属或塑料吊盆，使之与所配植物有机结合，以取得意外的装饰效果。

图 3-4-9　悬垂吊挂式绿化装饰

图 3-4-10　壁挂式绿化装饰

（4）壁挂式绿化装饰

近年来，室内墙壁的美化绿化深受人们的欢迎。壁挂式有挂壁悬垂法、挂壁摆设法、嵌壁法和开窗法。可预先在墙上设置局部凹凸不平的墙面和壁洞，供放置盆栽植物；或在墙下地面放置花盆，或砌种植槽，然后种上攀附植物，使其沿墙面生长，形成室内局部的绿色空间；或在墙壁上设立支架，在不占用地面的情况下放置花盆，以丰富空间。采用壁挂式绿化装饰方法时，应主要考虑植物的姿态和色彩，其中以悬垂攀附植物最为常用。如图 3-4-10 所示为壁挂式绿化装饰。

图 3-4-11　栽植式绿化装饰

（5）栽植式绿化装饰

栽植式绿化装饰多用于室内花园及室内厅堂有充裕空间的场所。如图 3-4-11 所示栽植时，多采用自然式，即平面聚散相依、疏密有致，并使乔灌木、草本植物和地被植物组成层次，注重姿态、色彩的协调搭配，适当注意采用室内观叶植物的色彩来丰富景观画面。同时考虑与山石、水景组合成景，模拟大自然的景观，给人以回归大自然的美感。

（6）迷你型观叶植物绿化装饰

迷你型观叶植物绿化装饰在欧美、日本等地极为盛行。其基本形态源自插花手法，即将迷你型观叶植物培植在不同容器内，摆置或悬吊在室内适宜的场所。这种装饰设计法的目的是要达到功能性的绿化与美化，也就是说，在布置时，要考虑室内观叶植物如何与生活空间内的家具、日常用品等搭配，使装饰植物与其环境、生态等高度统一。如图 3-4-12 所示为迷你型观叶植物绿化装饰。

图 3-4-12 迷你型观叶植物绿化装饰

二、花艺装饰

花艺能够美化人们的生活环境。例如在玄关处放置一个简洁淡雅的插花，会让人眼前一亮。花艺选择需要充分考虑人的感观和需要，例如餐桌上不宜使用气味过分浓烈的鲜花插花或干花，以免影响用餐者的食欲；而卧室、书房等场所，适合选择淡雅的花材，能使居住者心情舒畅，有助于放松精神，缓解疲劳。

花艺装饰按照材料可以分为鲜花类花艺、干花类花艺、仿真花等。

1. 鲜花类花艺

鲜花类花艺是采用自然界有生命的植物材料（包括鲜花、切叶、新鲜水果）作为素材经过一定的技术（修剪、整枝、弯曲等）和艺术（构思、造型、配色等）加工，重新创作出一件精致完美、富有诗情画意、能再现自然美和生活美的艺术品。但鲜花类花艺保持时间短、成本高，如图 3-4-13 所示。

2. 干花类花艺

干花类花艺是利用新鲜的植物，经过加工制作，做成可长期存放，有独特风格的花艺装饰。干花保持了植物原有的色泽和形态，与鲜花相比，能长期保存，但是缺少生命力，色泽感较差，如图 3-4-14 所示。

3. 仿真花

仿真花是使用布料、塑料、网纱等材料，模仿鲜花制作的人造花。仿真花能再现鲜花的美，价格实惠并且保存持久，但是并没有鲜花类花艺与干花类花艺自然。防真花如图 3-4-15 所示。

应用花艺装饰时，要充分结合花艺的材质、造型以及所装饰环境的格调和功能，综合选择花艺，发挥花艺美化环境的作用。

图 3-4-13　鲜花类花艺

图 3-4-14　干花类花艺

图 3-4-15 仿真花

三、绿色植物、花艺在软装设计中的应用

1. 玄关、过道、走廊植物陈设与摆放

玄关、过道、走廊等地方经常有人走动，一般不放置或较少放置物品，这里可以摆设树形整齐且稍高大的木本植物，如垂叶榕等进行装饰。

2. 客厅植物陈设与摆放

客厅是人们经常活动的空间，也是招待客人的主要场所，因此植物的搭配相当重要。可以在靠近窗户的地方多放置一些斑叶植物，如吊兰、白纹草、观叶秋海棠，在长桌上可放一些正值花期的观赏植物。如果客厅墙面和家具颜色较深，可选择浅色明快的盆栽植物，如棕竹、苏铁等，以形成强烈反差，使效果更佳。对大客厅而言，可利用盆栽植物如棕竹、龟背竹、橡皮树等观叶植物人为分割客厅空间，形成起居区、用餐区等。如图 3-4-16 所示为客厅植物陈设与摆放。

图 3-4-16　客厅植物陈设与摆放

3. 卧室植物陈设与摆放

卧室是人们休息、睡眠的场所，环境要布置得安静、舒适。因此，需要色彩柔和、形态秀美的小型植物作为绿化装饰。在卧室，最适宜将植物放在窗台上，使其能够呼吸新鲜的空气。一般面积 10 余平方米的卧室，可在床头柜或梳妆台上放一盆文竹、水仙或插花，墙角放置梅桩、菊花、金银花等。如室内光照偏暗，可辅以侧逆光，使盆栽植物更有立体感。如图 3-4-17 所示为卧室植物陈设与摆放。

图 3-4-17　卧室植物陈设与摆放

图 3-4-18 书房植物陈设与摆放

4. 书房植物陈设与摆放

书房应有书卷气，所以装饰不宜华丽、过于雕琢，应当追求一种清雅、自然的品位。一般可在书柜上放置花草，如常青藤、珠兰等；也可放悬崖、半悬崖式的盆栽和盆景。书桌上摆放的植物宜小巧雅致，也可靠墙壁摆放盆栽，或架设矮架放置，这样既不影响案头工作，又可调节书房气氛，提神醒脑，如图 3-4-18 所示。

图 3-4-19 厨房植物陈设与摆放

5. 厨房植物陈设与摆放

厨房面积较小，有炊具、橱柜等设备，温度较高而且变化大，常有油烟和水渍，根据这些特点，应选一些环境适应性强的小盆观赏植物，如长春花、巴西铁树等。也可在远离炊具、橱柜的地方悬挂如吊兰、紫心草等植物。如图 3-4-19 所示为厨房植物陈设与摆放。

6. 卫生间植物陈设与摆放

卫生间面积较小，湿度较大，通气较差，光线阴暗，可选用耐阴喜湿的植物，如铁线蕨、肾蕨、翠云草等。如图 3-4-20 所示为卫生间植物陈设与摆放。

图 3-4-20　卫生间植物陈设与摆放

第五节 SECTION 5 书画

书画是最适于在家庭中陈设的艺术品。书画艺术作为重要的艺术形式，将其融入室内装饰设计中能够彰显居住者的文化素养，陶冶居住者的艺术修养，为家居环境带来独特的艺术氛围。

一、书画选择的原则

选择书画，首先必须遵守的原则就是要和周围风格、环境相一致。书画因大小、形状各不相同，装帧到墙面后，就与周围的墙面、家具产生了呼应和对比关系。大小相近，对比不大，易产生呆板的感觉；反之，就有了活泼感。而书画的图案，则可根据居住者的喜好进行选配。同时，要注意书画的数量应得当，不能刻意利用书画填充空白墙壁，那样只会显得异常繁杂、混乱。

家居软装选择书画时，需要根据家居装修风格进行挑选，如果家居装修采用传统中式风格，就需要选择传统风格浓郁、体现地方风貌和民族特色的书画，如浑厚古朴的国画、年画、诗画、泼墨草书来装饰，如图 3-5-1 所示。如果是现代简约明快的家居装修风格，就要选择光影对比强烈的版画、油画等节奏明快、富有时代感的书画来装饰。

图 3-5-1　按照传统中式风格进行书画选择

另外，不同区域有不同的书画选择。一般来讲，卧室内的书画，以色调娴静者为佳，儿童房多配以色彩鲜艳的卡通画，书房内的书画以营造书香气氛为目的。

二、书画在软装设计中的注意要点

书画必须选择完整而适合的墙面作为陈设的位置。除了重视作品的题材与风格外，还必须注意：一方面书画作品本身的面积是否与墙面的面积、邻近家具或其他装饰品有良好的比例关系；另一方面书画作品悬挂的位置要与邻近的家具及其他陈设品之间取得平衡关系。如果墙面狭小而画面巨大，势必拥塞，不如小作品来得恰当；反之，如果墙面宽大而画面太小，则会显得空泛逼仄，必须加大画面或增加数量来强化气势。当然，墙面的适当留白也很重要，否则，再精彩的作品也将因挤在一起而逊色。书画陈设的一个重要原则是：对于尺幅较大的作品，一面墙上只能挂一幅，否则不仅不能展示出作品的艺术个性，还可能使整个室内效果显得杂乱；而尺幅较小的作品，成组出现会获得较强的视觉效果，但画与画之间要保持适当的疏密关系，最好是等距离的整齐排列，画框边缘平齐，这样不仅能获得一种秩序感，而且能增加空间的进深感。如图 3-5-2 所示为书法作品的陈设。

图 3-5-2　书法作品的陈设

第六节 SECTION 6 饰品

饰品是指用来装饰的物品，可分为家居饰品、服装饰品、汽车饰品等。本节主要讲述家居饰品。

家居饰品是指房屋装修完毕，利用那些易更换、易变动位置的饰物，如靠垫、抱枕、毛绒饰品、工艺台布及装饰工艺品、装饰铁艺等，对室内进行的二度陈设与布置。家居饰品作为可移动的装饰物，更能体现居住者的品位，是营造家居氛围的点睛之笔，如图 3-6-1 至图 3-6-4 所示。它打破了传统的装修定义，跨界将工艺品、纺织品、收藏品 灯具、花艺、植物等进行重新组合，形成全新的装修理念。

图 3-6-1 创意小摆件家居饰品

图 3-6-2 厨房家居用品

图 3-6-3　花梨木雕狗摆件

图 3-6-4　三羊开泰摆件

一、饰品的搭配技巧

1. 风格要统一

室内软装饰在风格上一定要一致，切忌在一个地方选了点，又在另外一个地方选点，这样会造成整个室内风格杂乱，充满不协调感。

2. 色调要协调

室内装饰品通常起到点缀的作用，所以饰品的颜色一定要和整个房间的色系吻合，包括墙面的颜色和大型家具的颜色等。如果你具有非常强的审美能力，那么在选择色系差别比较大的饰品时，就有可能会造成强烈的视觉冲击力，反之，就有可能让整个房间的色彩失衡。

3. 与家具配合

室内软装饰品一定要和家具配合，如果家具的形状比较方正，所选的软装饰品就要灵活一点。如果家具的形状比较圆润，选择的饰品就要规整一点，但差别不要太大。

4. 摆放突出层次感

室内软装饰品的摆放顺序可以从点到线再到面，也可以从面到线再到点。不管采用怎样的摆放顺序，一定要体现出层次感，否则会给人很杂乱的感觉。

二、室内饰品搭配的注意事项

1. 饰品在精不在多

饰品是一种点缀，不是生活必需品。每个人喜欢的饰品都不一样，可以挑选一些有特色的进行摆放。注意不用过多地罗列，否则会给人一种杂乱无章的感觉，要防止桌上、墙上、窗台上等多个地方摆满饰品。

2. 比较显眼的地方尽量少摆放饰品

客厅或者桌上通常都不摆放过多的饰品，一般可放置一个花瓶，有的会摆放一些日常茶具等。这些一眼就能看到的地方，摆放的东西越少，越显得整洁。如果摆放很多饰品，会给人压抑的感觉。

3. 易碎和珍贵的饰品摆放在人活动比较少的次要位置

很多人喜欢把易损品和珍贵的物品拿出来展示，须注意的是，不要摆放在人活动多的区域，因为人来人往的地方虽然醒目，但也容易使饰品受到损坏。特别是有孩子的家庭，要防止孩子不小心打破饰品，甚至伤到自己。

4. 室内饰品的颜色要素雅统一，不要五颜六色

有的人喜欢颜色鲜艳的饰品，有的人喜欢色彩素雅的饰品。如果室内摆放了过多颜色过于鲜艳的饰品，效果往往不尽如人意。

第七节 SECTION 7 收藏品

收藏品分为自然历史类、艺术历史类、人文历史类和科普历史类四类，具体分为文物类，珠宝、名石和观赏石类，钱币类，邮票类，文献类，票券类，模型类，商标类，徽章类，标本类，陶瓷类，玉器类，书画类。收藏不仅是一门艺术，更是一门学问。由于收藏品种类繁多，因此如何科学收藏、科学定位、科学保存、科学分类就显得非常重要。

一、收藏品的分类

1. 主流分类

（1）文物类

文物类包括历史文物、古代建筑物实物资料、雕塑、铭刻、器具、民间艺术品、文具、文娱用品、戏曲道具、工艺美术品、革命文物等。其中器具包括金银器、锡铅器、漆器、法器、家具、织物、地毯、钟表、烟壶、扇子等；工艺美术品包括料器、珐琅、紫砂、木雕、藤竹器等。

（2）书画类

书画类包括书法、碑帖、拓本、国画、油画、水彩画、水粉画、漆画、连环画等。

（3）陶瓷类

陶瓷类包括陶器、瓷器、紫砂陶等。如图 3-7-1 所示为清代广彩瓷器花瓶。

（4）玉器类

玉器类包括玉礼器、玉兵器、玉器具以及玉陈设器等。

（5）珠宝、名石和观赏石类

珠宝、名石和观赏石类包括雕琢的珠宝翠玉，以及天然形成的、未经人工雕琢的各种砚石、印石、奇石与观赏石，如中国四大奇石——“东坡肉形石”（见图 3-7-2）“岁月”“中华神鹰”“小鸡出壳”。

图 3-7-1　清代广彩瓷器花瓶

图 3-7-2　东坡肉形石

（6）钱币类

钱币类包括历代古钱币及现代世界各国货币。

（7）邮票类

邮票类包括世界各国邮票及与集邮相关的其他收藏品。

（8）文献类

文献类包括书籍、报刊、档案、照片及影剧说明书、海报等各种文字资料。

（9）票券类

票券类包括印花税票、国库券、储蓄存单、债券、奖券、门票券、商品票券、交通票证、月票花。

（10）模型类

模型类包括火车、汽车、飞机、宇宙飞船、军舰、坦克等模型，是与实物按比例制作的精美模型。

（11）徽章类

徽章类包括纪念章、奖章、证章及其他各种徽章。

（12）商标类

商标类包括火花、烟标、酒标、糖纸等。

（13）标本类

标本类包括动物标本、植物标本和矿物标本等。

2. 其他分类

（1）自然历史类

自然历史类包括昆虫标本、海洋生物及标本、雨花石、奇石以及翅画，即自然界的各种物品。

（2）艺术历史类

艺术历史类包括烟标、烟具、火花、微雕、茶具、瓷刻、工艺美术品、书画等。

（3）人文历史类

人文历史类以图书、报刊、资料、民俗等类物品为主。

（4）科普历史类

科普历史类包括算具、钟表、钥匙、藏酒等。

这种分类法因有较大的包容性而具备一定的可取之处，但也仅限于私人藏馆而非针对收藏品所做的标准分类。

二、收藏品的用途

1. 作为保值增值的投资途径

收藏品种类繁多，通常年代越久远，保存到现代的同类物品越少，越具有稀缺性。正因为这一稀缺性，使收藏品投资具有保值的功能以及长期增值的空间。

2. 作为居家的装饰品

收藏品通常具有较好的艺术性或重大的纪念意义，可观赏性强，将其作为居家装饰品，既体现了居住者的艺术品位、社会地位，又让观赏者赏心悦目，流连其中。

3. 作为馈赠的佳礼

因为收藏品具有较高的收藏价值和一定的纪念意义，所以收藏品是馈赠亲朋好友的佳礼。

三、收藏品保管的基本原则

1. 应避免将收藏品直接陈列在阳光下

光线对收藏品造成的危害是逐渐累积且不易察觉的，因此应将光线对收藏品造成的影响减到最小，避免将有机物直接陈列在日光下，即使短时间的陈放也应避免。在收藏品陈列箱上贴紫外线过滤胶片可以遮挡来自荧光灯和户外的紫外线。或者在展示收藏品的地方尽量使用白炽灯，但也不要将其过于靠近白炽灯，因为白炽灯发出的热量会伤害收藏品。大部分对光线敏感的收藏品均不应长时间陈列，应将其定期挪移。

2. 将收藏品置于湿度和温度适当的环境中

地下室、阁楼、车库的湿度和温度最不稳定，极易出现剧烈的变动，所以收藏品不宜放在这些地方。也不要将易受损坏的收藏品靠近壁炉和冷气出口摆放，或放在光线直射的地方和浴室里。应设法阻止霉菌的生长和有害物的活动，有机物应置于稳定的环境中，相对湿度应控制在 50% 左右。在潮湿地区应使用干燥剂，在干燥的季节宜使用便携式蒸汽型增湿器增湿。

3. 尽量减少空气污染的影响

定期清洁加热器和空调。纸制品和纺织品应置于玻璃柜中，以免受灰尘的酸腐蚀和氧化侵蚀。不要将收藏品陈列在厨房和有火源的地方。在收藏品周围应限制使用木制品黏合剂、新地毯以及其他化学品。应避免把收藏品放置在使用喷射上光剂和含有硅树脂的家具里，日常打扫应使用微潮的棉织物、磁性擦拭布和柔软的天然毛刷。

4. 减少有害动物的活动

细心的管理和恰当的仓储可使收藏品免受有害动物的侵害。有机物不要储藏在潮湿的环境中，不要在其周围存放食物。收藏品一年应至少检查一次，查看其上是否有昆虫活动的痕迹，如幼虫、粉状堆积物、小洞等，如有应立即将收藏品放入密封的塑料袋中，并采取补救措施。

5. 搬动收藏品的方法

许多收藏品都易碎。在搬动收藏品前，应仔细观察周围情况，事先清理出放置收藏品的地方。搬动收藏品时双手需干燥、干净，最好戴上干净的棉或塑料手套。

搬动小或轻的收藏品时，应使用有保护垫的盘子和篮子，避免人手直接接触，这是因为人皮肤上的酸、油和盐会使金属器皿失去光泽并腐蚀金属器皿，对漆器和多孔渗水的陶器也会造成损害。拿雕塑品时一定要托着其底部或主体，绝不能只抓住其突出部分。抬家具时也应托其底部，不要抓其附属物，如腿等。

移动有外框的艺术品时应托住外框牢固的地方。不要触摸油画的正面和背面。

6. 陈列收藏品的要求

应确保油画和其他带框展品悬挂设备的坚固与安全。艺术品应使用适当的框架，脆性的、易碎的收藏品应远离易受撞击的地方。展品应放在专用玻璃柜中。不要用黏性物质将不稳定的无机物粘在架子或其他表面上。

7. 收藏品的收藏要点

精心选择陈列和收藏收藏品的物品。由于木制品和许多以木头为原料的纸制品均含有有害酸，会加速对收藏品的损坏并使收藏品表面出现斑点，所以最好用储存档案的储藏盒和纸制品，因为制造这些纸制品的纸浆都经过去除有害物质的处理。

一些类型的塑料储藏制品可能会对照片、幻灯片和底片造成损害。应选择稳定的塑料，如聚酯、聚乙烯、聚丙烯和聚碳酸酯。不要使用乙烯聚合物、氯化物塑料的制成品和带黏性的相册保护收藏品，不能让收藏品直接接触橡胶带、橡胶黏合剂和其他黏合剂以及即贴标签。不要用橡胶、聚亚胺酯泡沫、报纸或细刨花包裹或填塞收藏品，可以用专业文保产品生产商提供的安全聚乙烯泡沫作为包裹或填塞之用。

储存三维物品的盒子应有足够的空间，不要在一个盒子里存放过多的物品。可用中性薄纱布或细棉布将物品隔开，这些细棉布应洗两遍，第一遍用肥皂洗，第二遍用清水洗，晾干后即可使用。假如纺织品需要折叠，则须垫上薄的纱织品，以免产生永久性折痕。加外框的艺术品应垂直收藏，相互间应用档案纸板隔开。

金属收藏品应置于干燥的环境中，为避免银器失去光泽，在储藏银器时应使用软布或者非酸缓冲纱织品，这种方法也适用于珠宝的储藏。蜡笔画、炭笔素描以及其他表面发脆的收藏品需要专门处理，应由文保专业人员协助解决。

思考与练习

1. 简述目前市场上常用的家具材料与分类特点。
2. 简述家具在软装设计中的应用。
3. 简述纺织品的设计趋势。
4. 列举常用的灯具及其材料和特点。
5. 简述灯具在软装设计中的应用。
6. 列举绿色植物的种类和特点。
7. 举例分析书画在软装设计中的应用。
8. 简述饰品的搭配技巧和室内饰品搭配的注意事项。
9. 列举收藏品的常见分类及收藏品保管的基本原则。

第四章

软装设计实践与赏析

学习目标

◆掌握居住空间不同部分（客厅、卧室、书房、餐厅、厨房、卫生间）软装设计的方法与技巧。

◆掌握办公空间软装设计的要素及设计要点。

◆掌握不同类型餐饮空间（宴会厅、中餐厅、西餐厅、快餐厅、风味餐厅）软装设计的方法与技巧。

◆掌握娱乐空间软装设计的原则及要点。

第一节 SECTION 1 居住空间软装设计与赏析

居住空间的软装设计是软装设计的重点，它不只是构造居住者舒适的空间环境，更重要的是构成了人们生活环境的重要部分，其空间彰显着居住者的魅力，并体现社会文化。

一、居住空间软装设计

1. 客厅软装设计

客厅又称起居室，严格来说，两者存在一定的区别。客厅是豪华住宅中专门用来接待客人的厅堂，而起居室则是普通住宅中用于生活起居的多功能房间，其中包含客厅的功能。目前，我国家庭的客厅软装大体可归纳为以下四种类型。

（1）文化型

文化型客厅软装一般讲究正统、古朴、典雅，色调以清、淡、柔、亮为主，家具较轻巧、雅致。在向阳的一侧或离通道较远的一面，安放写字台、书桌、画案和书橱，这也是客厅最引人注目的中心处，其间以文房四宝和书画为主要摆设。另一侧则安放造型简洁、色彩淡雅的茶几，半软性座椅或不过于柔软的沙发。另外，根据厅内空间位置、大小情况，适宜地摆放数盆大、中、小型花卉或绿植。此类客厅的居住者一般为画家、作家等文化工作者，或书画、文学爱好者。文化型客厅软装如图 4-1-1 所示。

图 4-1-1　文化型客厅软装

（2）艺术型

艺术型客厅摆设与文化型客厅有相似之处，但又有所不同。因为艺术美高于自然美，所以艺术型客厅的一切软装设计多是从个人的心灵映现和再造美的标准出发，处处体现美和艺术，书桌、案台和陈列橱等家具无不如此。同时艺术型客厅的软装设计因居住者爱好、个性、审美情趣的差异，难以做出统一的标准，但遵循的基本格调是客厅环境应明快、活泼、柔和，其摆设的物件、用品、艺术品多以精巧、玲珑、新颖、高雅为特点，匠心独运、别具一格，具有艺术魅力，如图 4-1-2 所示。

图 4-1-2　艺术型客厅软装

（3）古典型

古典型客厅软装的鲜明特点是古色古香，使用的色调是浓、重、硬，家具及装饰物件、用品的表面多采用枣红色、栗红色、咖啡色、褐色等色彩，是中国传统色彩装饰法的应用。这些用品、饰物的造型也有独到之处。古典型的客厅软装并不代表陈旧和落后，恰恰相反，在许多家居软装设计研究者看来，它是传统的、健康的、古典美的体现，有着独特的风韵，如图 4-1-3 所示。

图 4-1-3 古典型客厅软装

图 4-1-4 现代型客厅软装

（4）现代型

现代型是当前最大众化的客厅软装设计类型。讲究新颖时尚，家具造型比较简单，但不失简洁之美，色彩趋向淡雅、柔和；墙上的书画、壁挂以及桌、台上摆放的工艺雕刻、艺术品等，都是根据居住者的爱好、个性精心选择，让人一进客厅就有一种时代感，和谐、轻松的居住环境使人感到温馨愉快，如图 4-1-4 所示。

2. 卧室软装设计

卧室是居住空间中私密性最强的地方，是人们睡眠与休息的场所，兼有化妆、更衣、储物、阅读等功能，这些功能决定了卧室软装设计柔和、温馨的格调，但总体的软装设计格调还是要根据居住者的爱好和个性进行布置。

卧室家具的布置形式应大小对称，如果一侧的家具既少又小，可以借助盆景、墙面装饰和摆设来达到平衡，以获得生动而富有韵律的视觉感受。窗帘和床上用品是卧室中最重要的软装要素，对卧室的装饰效果有较大影响，在色彩和图案上以大协调为原则。

灯具的配置一般采用吸顶灯和床头灯或壁灯相结合的方式，灯具的造型强调与卧室的风格相协调，灯光要求温馨、柔和，以黄色光居多。壁饰要少而精，以品质为重，对卧室空间风格、情调的形成起到画龙点睛的作用。此外，绿植也是卧室中重要的软装要素。由于卧室放床之后，余下的面积往往有限，故应以中小型盆栽或吊盆植物为主，可摆放文竹、斑马花、羊齿类植物。卧室软装设计如图 4-1-5 所示。

图 4-1-5　卧室软装设计

3. 书房软装设计

传统的书房又称书斋，是供人读书写字的专用房间，兼具琴棋书画场所等功能，也可于此会友长谈，常设在较僻静的位置，如在套间或跨院中另建单独的房间。书房的布置不能过于呆板和严肃，家具陈设应较为灵活，顺应自然。书房的视觉重心和功能重心均为书桌，书桌一般放在窗下，书房内主要的功能性和装饰性陈设均在书桌及其邻近的视觉范围内。书架或书柜及多宝书柜兼放书籍和古玩，书桌较近处放琴几，书桌较远处设棋桌用于闲时对弈，在适当位置放鱼缸，用于观赏并增加室内生气，这种有层次的陈设使书房形成以书桌为主体的数个功能子系统，组合成全部书房陈设群。书房软装设计如图 4-1-6 所示。

图 4-1-6 书房软装设计

书房的软装设计最能体现居住者的情趣爱好，由于居住者从事的职业不同，书房的软装设计风格也会有所不同。

计算机进入家庭后，写字台与计算机桌是分开还是组合的，也应视使用方便与否而定，不过许多人还是喜欢将二者用转角组合起来。写字台和计算机桌在书房中的布局大致可遵循这样的原则，即在不开灯的白天，也能保证书桌的左、前、右方有较为明亮的光线，而计算机的屏幕则不要正对窗户，以避免显示屏上出现过于明显的光斑。另外，书房的门窗应保持空气对流畅通，以利于计算机散热。书房的温度要适当，不能太热也不能太凉，相对湿度应控制在 40% ~ 70%。湿度过大，会使计算机元件接触性能变差或发生锈蚀；湿度过小，不利于机器内部随机动态存储器关机后存储电量的释放，也易产生静电。因此，南方家庭在梅雨季节要在书房放置干燥剂，并尽量少开窗；冬季在使用空调、取暖器等取暖时，最好设置空气增湿器。

4. 餐厅软装设计

餐桌是餐厅的主角，餐厅的布置首先是餐桌的选用。中餐餐桌多为圆形桌，近年来西餐桌也比较受青睐。目前，市场上出售的餐桌以原木色泽的为多（分为实木和人造板两种），透明玻璃面餐桌（底座为大理石或金属等材质）也占有一定的市场份额。

选择合适的餐桌首先要确定用餐区的面积，如果房屋面积大且有独立的餐厅，可选择富有厚重感的餐桌和空间相配；如果餐厅面积有限，而就餐人数不确定，则可选择目前市场上最常见的伸缩式餐桌。另外，还可根据居室的整体风格进行选择。餐桌，毋庸讳言，是需要特别烘托的，因此可以选择不同的餐布和插花进行装饰。

灯光对营造餐厅的气氛和格调起着不可替代的作用，家庭用餐环境应以温馨为主。安装在棚顶的小聚光灯，可以刺激用餐者的胃口，舒缓紧张的情绪，给人以愉悦的感觉，但切忌灯光过于杂乱，否则会让人产生不稳定、不舒服的感觉。餐厅的绿植和点缀也很重要，绿植摆设可以给餐厅注入生命力和活力。如果就餐人数不多，餐桌比较固定，可在桌面放一盆绿色赏叶类或观茎类植物，餐厅的一角或窗台上再适当摆放几盆繁茂的花卉，这会使餐厅显得生机盎然。餐厅还可摆放一个大小适当的橱柜，橱柜里摆放酒类或其他一些不需要冷藏的饮品、食品，一方面具有装饰效果，另一方面取用也方便。餐厅软装设计如图 4-1-7 所示。

图 4-1-7 餐厅软装设计

5. 厨房软装设计

目前我国小康之家的厨房标准面积一般为 6 ~ 10 平方米。如果将厨房与餐厅连通，面积可以达到 20 平方米左右，所设置的煤气灶、操作台、餐桌、吊柜、立柜以及壁橱等都有较高装饰性。

目前，整体厨房也进入了我国许多家庭，它将橱柜和厨用家电按使用要求进行合理布局、巧妙搭配，实现了厨房家电一体化，并可依照家庭成员的身高、色彩偏好、文化修养、烹饪习惯及厨房空间结构和照明进行科学合理的设计，如图 4-1-8 所示。

图 4-1-8 厨房软装设计

6. 卫生间软装设计

随着人均居住面积的增加，受现代生活理念的影响，设计师开始从人性化的角度考虑开发大空间的卫生间。现代卫生间应具有休闲功能，即使卫生间中不起眼的设施，同样应于细微处让人有舒适、放松甚至是享受的感觉，如图 4-1-9 所示。

图 4-1-9　卫生间软装设计

二、居住空间软装设计作品赏析

1. 中式风格

中式风格家居软装设计作品赏析如图 4-1-10 至图 4-1-24 所示。

图 4-1-10　卧室

图 4-1-11　客厅一

图 4-1-12　客厅二

图 4-1-13　客厅三

图 4-1-14　客厅四

图 4-1-15 客厅五

图 4-1-16 客厅六

图 4-1-17　客厅七

图 4-1-18　客厅八

图 4-1-19 客厅九

图 4-1-20 餐厅一

图 4-1-21　餐厅二

图 4-1-22　书房一

图 4-1-23 书房二

图 4-1-24 书房三

2. 现代简约风格

现代简约风格家居软装设计作品赏析如图 4-1-25 至图 4-1-36 所示。

图 4-1-25　卧室一

图 4-1-26　卧室二

图 4-1-27　卧室三

图 4-1-28　客厅一

图 4-1-29　客厅二

图 4-1-30　客厅三

图 4-1-31 客厅四

图 4-1-32 客厅五

图 4-1-33　客厅六

图 4-1-34　客厅七

图 4-1-35 客厅八

图 4-1-36 客厅九

3. 日式风格

日式风格家居软装设计作品赏析如图 4-1-37 至图 4-1-45 所示。

图 4-1-37　客厅一

图 4-1-38　客厅二

图 4-1-39 客厅三

图 4-1-40 客厅四

图 4-1-41　客厅五

图 4-1-42　客厅六

图 4-1-43　客厅七

图 4-1-44　客厅八

图 4-1-45　卧室

4. 东南亚风格

东南亚风格家居软装设计作品赏析如图 4-1-46 至图 4-1-57 所示。

图 4-1-46　餐厅一

图 4-1-47　餐厅二

图 4-1-48　客厅一

图 4-1-49　客厅二

图 4-1-50　客厅三

图 4-1-51 客厅四

图 4-1-52 客厅五

图 4-1-53　客厅六

图 4-1-54　客厅七

图 4-1-55 客厅八

图 4-1-56 客厅九

图 4-1-57　卧室

5. 地中海风格

地中海风格家居软装设计作品赏析如图 4-1-58 至图 4-1-70 所示。

图 4-1-58　客厅一

图 4-1-59　客厅二

图 4-1-60　客厅三

图 4-1-61　客厅四

图 4-1-62　客厅五

图 4-1-63 客厅六

图 4-1-64 客厅七

图 4-1-65　客厅八

图 4-1-66　厨房

图 4-1-67　餐厅一

图 4-1-68　餐厅二

图 4-1-69　厨房与餐厅

图 4-1-70　卧室

6. 西班牙风格

相对于明快的地中海风格，西班牙风格家居显得更神秘、内敛、沉稳、厚重一些，色彩更古朴，建筑元素也有一些变化，室内装饰也有所不同，西班牙装饰往往带有贵族气质，而地中海装饰则古朴自然。西班牙风格家居软装设计作品赏析如图 4-1-71 至图 4-1-85 所示。

图 4-1-71 卧室一

图 4-1-72 卧室二

图 4-1-73　卧室三

图 4-1-74　客厅一

图 4-1-75 客厅二

图 4-1-76 客厅三

图 4-1-77　客厅四

图 4-1-78　客厅五

图 4-1-79 客厅六

图 4-1-80 厨房一

图 4-1-81　厨房二

图 4-1-82　厨房三

图 4-1-83　餐厅一

图 4-1-84　餐厅二

图 4-1-85　娱乐厅

7. 田园风格

田园风格家居软装设计作品赏析如图 4-1-86 至图 4-1-99 所示。

图 4-1-86　客厅一

图 4-1-87　客厅二

图 4-1-88　客厅三

图 4-1-89　客厅四

图 4-1-90　客厅五

图 4-1-91　客厅六

图 4-1-92　客厅七

图 4-1-93 卧室一

图 4-1-94 卧室二

图 4-1-95 卧室三

图 4-1-96 餐厅一

图 4-1-97　餐厅二

图 4-1-98　厨房与餐厅

图 4-1-99 书房

8. 美式风格

美式风格家居软装设计作品赏析如图 4-1-100 至图 4-1-113 所示。

图 4-1-100 客厅一

图 4-1-101　客厅二

图 4-1-102　客厅三

图 4-1-103　客厅四

图 4-1-104　客厅五

图 4-1-105　客厅六

图 4-1-106　客厅七

图 4-1-103 客厅四

图 4-1-104 客厅五

图 4-1-105　客厅六

图 4-1-106　客厅七

图 4-1-107　客厅八

图 4-1-108　客厅九

图 4-1-109　客厅十

图 4-1-110　餐厅一

图 4-1-111 餐厅二

图 4-1-112 卧室

图 4-1-113　书房

9. 新古典风格

新古典风格家居软装设计作品赏析如图 4-1-114 至图 4-1-128 所示。

图 4-1-114　卧室一

图 4-1-115 卧室二

图 4-1-116 卧室三

图 4-1-117 卧室四

图 4-1-118 卧室五

图 4-1-119　卧室六

图 4-1-120　卧室七

图 4-1-121　客厅一

图 4-1-122　客厅二

图 4-1-123 客厅三

图 4-1-124 客厅四

图 4-1-125　客厅五

图 4-1-126　客厅六

图 4-1-127 餐厅与客厅一

图 4-1-128 餐厅与客厅二

三、样板房软装设计案例

样板房是售楼处向客户展示居住空间环境的一面镜子。下面以深圳金融街 D 户型样板房软装方案为例分析家居软装设计构思和风格打造（见图 4-1-129 至图 4-1-150）。

图 4-1-129 项目分析

项目分析：本案位于深圳市光明新区光明大道和龙大高速路交会处朝北方向。具有辐射大湾区的交通优势，靠近宝安机场、宝安 CBD 和龙华 CBD，30 分钟内可达福田 CBD、深圳北站、香港及广州。周边景观资源丰富，紧邻开明公园、茅洲河景观带、光明区森林公园、农田果林。配套完善，生活便利。定位为区域中心、科技人居的一线生活样板。

图 4-1-130 设计主题：以“万象”为设计主题。何谓万象？在许慎的《说文解字》中，古人以象借代万物之形，而万象有事物万千之意，包罗万象且富有生机。

设计说明："现代文化绿洲"——万象并行而育

深圳的文化形态，不同于传统的自然经济时代，它是与社会主义市场经济体制相适应的一种新的、现代化的文化。本土与外来，传统与现代，多元文化在深圳这片具有浓厚底蕴及文化历史的地区当中融合，碰撞、重构。

从古至今，人们对美好生活的追求及向往，人们对世界、对自我的认知和探索，使得文明不断发展、不断进步。

本案设计以"精于心，简于形"的方式，让空间不囿于固有的功能与形式，试图使空间具有东方气质，符合现代审美，带给人们一种全新的生活体验和精神依托。同时注重提取自然和生活美学的各种元素，并以现代化的工艺赋予其丰富的表现手法。

图 4-1-131　设计说明

图 4-1-132　元素一

图 4-1-133　元素二

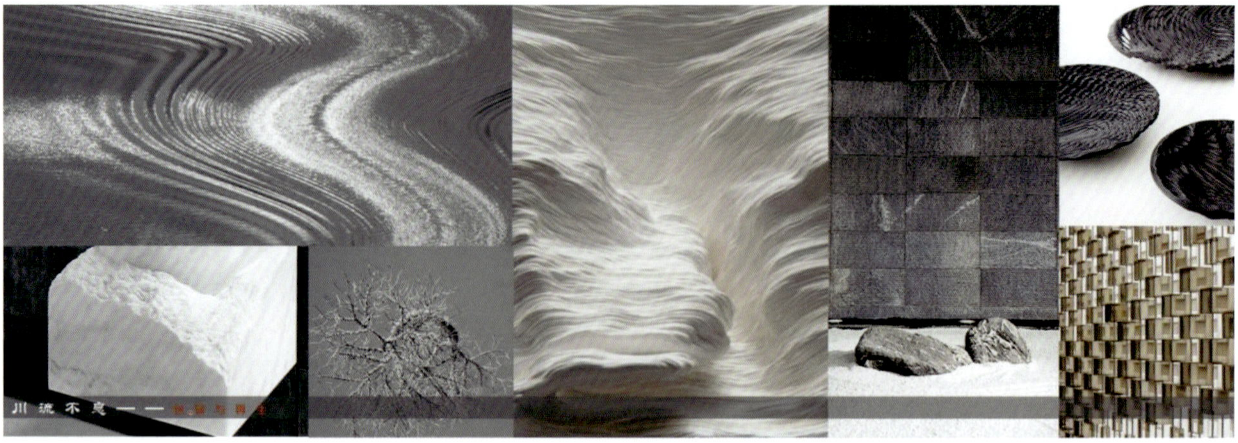

图 4-1-134 元素三

融合 / 创新 / 品质 / 传承

图 4-1-135 灵感

客户分析：

男主人：从事投资，崇尚东方哲学和风雅的生活方式，喜欢收藏。

女主人：温文尔雅，追求高品质生活，注重生活细节，注重享受自然山水的写意情怀。

男孩：思维活跃，空间设计应突出益智功能。

女孩：活泼可爱，空间设计应多运用小动物形象。

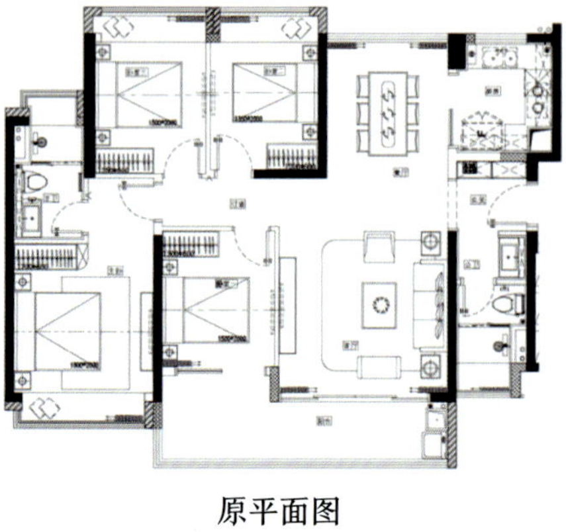

原平面图

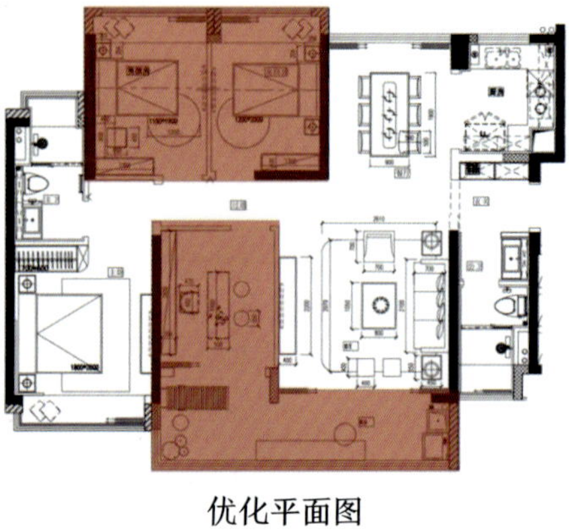

优化平面图

图 4-1-136 户型平面

图 4-1-137 客厅软装方案一

与山川共存，与日月同辉——空间充满端庄的仪式感，家具摆设以端庄为主，令空间折射出东方特有的静谧，意大利皮质沙发配合大理石金属茶几，兼具质感与舒适度，彰显着尊贵。

图 4-1-138 客厅软装方案二

空间的装饰“宜简不宜繁”。选择现代技艺、材料来诠释空间的意境，着力于“取意”。挂画透过肌理的疏密以及深浅的渐变，呈现出水滴落入水面瞬间，配合以纯铜锻造的圆石，构成“山水”渗透的意象，动与静，柔与刚，悄然交融。

图 4-1-139　客厅饰品意向

图 4-1-140　餐厅软装方案

图 4-1-141　餐厅饰品意向

图 4-1-142 茶室软装方案

月有阴晴圆缺——人与自然的契合。无论外界如何喧嚣，进入这里“偏安”一隅，就宛如到了一片净土。

图 4-1-143 阳台软装方案

图 4-1-144 材料饰面和色彩

图 4-1-145　主卧衣帽间软装方案

图 4-1-146　主卧饰品意向

图 4-1-147　男孩房间软装方案

图 4-1-148 女孩房间软装方案

图 4-1-149 厨房软装方案

图 4-1-150 卫生间软装方案

第二节 SECTION 2 办公空间软装设计与赏析

办公室软装设计需要根据办公室的空间大小和形状、企业文化和公司的预算，从整体上进行装饰设计与策划，集中体现企业的文化。

一、办公空间软装设计

1. 办公室软装设计要素

从办公室的特征与功能来看，办公室软装设计有以下几个基本要素：

（1）秩序感

设计中的秩序，是指形的繁复、节奏、完整和简洁。秩序感在办公室设计中至关重要，主要目的是创造一种安静、平和与整洁的办公环境。家具样式与色彩的统一、平面布置的规整、隔断的高低尺寸与色彩材料的统一、天花板的平整性与墙面素雅的装饰、合理的室内色调及人流的导向路径等，这些都与秩序感密切相关。

（2）明快感

办公环境的明快感是指办公环境的色调干净明亮，灯光布置合理，有充足的光线等，这也是办公室的功能性要求决定的。明快的色调给人洁净之感，使人心情愉快，明快的色调也可在白天增加室内的采光度。现在，有很多设计师将明度较高的绿色引入办公室，这类设计往往给人一种良好的视觉效果，营造一种盎然的春意。

（3）现代感

目前，在我国许多公司的办公室，为了便于思想交流，加强民主管理，往往采用共享空间设计——开敞式设计，这种设计逐渐成为现代新型办公室的特征。现代办公室陈设设计还注重将自然环境引入室内，绿化室内外的环境，给办公环境带来一派生机。现代人机学的出现，使办公设备在符合人机学的要求下日益增多与完善，办公的科学化、自动化给人们的工作带来了极大便利。

2. 办公空间软装设计要点

（1）要重视前台与会议室

现在，办公区域的装饰越来越成为公司实力的一种表现。对公司的良好印象也许就来自一致的装修风格，它可以强化公司的实力感、正规感、文化感、认同感。这些印象更多地来自生意伙伴常接触的几个主要场所：前台、会议室、经理办公室。前台的设计是体现公司形象的门户，客户与生意伙伴对公司的第一印象往往是来自前台，因此，前台的装修绝对不能轻率处理，从前台就能让人一眼分辨出装修风格。不同风格的形成除了设计因素以外，材质的使用也是重要因素，从细节上说，就是用料要细腻。作为待客频率最高的会议室，不只要展示出公司的整体形象，装修策略上也要别具匠心，为自身和生意伙伴营造愉快轻松的商业洽谈氛围，为商业洽谈的成功助一臂之力。前台设计如图 4-2-1 所示，会议室设计如图 4-2-2 所示。

图 4-2-1　前台设计

图 4-2-2　会议室设计

图 4-2-3　办公室家具与绿植的布置

（2）办公家具与绿植的布置技巧

现在，许多家具公司设计了矮隔断式的家具，可将数张办公桌以隔断的方式相连形成一个小组，在布局中将这些小组以直排或斜排的方法进行巧妙组合，满足不同的使用要求。而办公柜应尽量贴墙放置。

室内摆设办公桌最理想的方案是：人坐在办公桌前，其背靠墙，邻近窗户，透过窗户看到的是优美的自然风景，这就形成了一个景色优美、采光良好、通风适宜的工作环境。门位于办公桌右前方，这样办公者不易受门外噪声的干扰和他人的窥视。

绿植令人百看不厌。在办公座位附近陈设一些或大或小的、与周围环境匹配的绿植，可以让所有靠近的人都有好心情，办公气氛祥和，办公效率将会大大提高，如图 4-2-3 所示。

（3）办公室的色彩与心理

色彩对人的心理影响不可小视。不要因为办公室工作过于单调，就将办公家具的色彩搭配得五彩缤纷。若色彩搭配不和谐，非但不能使人舒适，色彩的失衡还会加重人的疲劳感。办公室的每一种色彩都有自己的语言，向人们传达一定的心理信息。如黑色给人孤独感，但同时也体现高贵和庄重；棕色让人觉得老气横秋，但不同浓度的棕色会产生出几分优雅；大红大粉过于张扬，若与安静的冷色搭调，却能够显出年轻与活泼；本白土黄过于素净，若与暖色搭配，就易于表现出自己的典雅。色彩有自己的品性与格调，只有让代表不同性格的色彩互为陪衬，才能改变办公室的工作气氛，使生活多姿多彩。

现代办公家具一般有黑、灰、棕、暗红和素蓝五种色调，通常灰色用于办公桌；黑色、棕色用于经理办公室和会议室的桌椅；素蓝色和暗红色多用于办公室座椅。

一般来说，办公室色彩的配置要依照“大跳跃、小和谐”的原则。大跳跃是指办公室之间的色彩变化大。例如有三间办公室，三个房间选择完全不同的色彩主调，这就是大跳跃原则。但每间办公室的门窗、桌椅和地板甚至办公室档案及琐碎的办公用品都要保持自己的整体和谐，这就是小和谐的原则。即使工作活动范围有限，但这样的设计可以让人每到一处都有耳目一新的感觉。

二、办公空间软装设计作品赏析

办公空间软装设计作品赏析如图 4-2-4 至图 4-2-8 所示。

图 4-2-4　经理办公室设计作品一

图 4-2-5 经理办公室设计作品二

图 4-2-6 员工办公区域设计作品

图 4-2-7 总经理办公室设计作品一

图 4-2-8 总经理办公室设计作品二

第三节 SECTION 3 餐饮空间软装设计与赏析

现代的餐饮空间非常注重室内软装设计，其设计出发点就是在统一的、整体的环境下，形成一个实用、舒适、美观、安全的餐饮空间。

一、餐饮空间软装设计

1. 宴会厅软装设计

宴会厅环境陈设讲究气势，应具备富丽、华贵、明亮的特点，并具有庄重热烈的氛围。一般在顶棚处理上采用多种风格、多种空间层次造型，并以豪华的吸顶灯作为重点陈设，如图 4-3-1 和图 4-3-2 所示。

图 4-3-1　宴会厅一

❶

❷

❸

2. 中餐厅软装设计

中餐厅环境陈设以中式传统风格为基调，结合中式传统建筑构件，如斗棋、红漆柱，雕梁画栋、沥粉彩画，呈现出庄严、典雅、敦厚、方正的效果。同时通过书法、绘画、器物，借景摆放，营造出高雅脱俗的氛围。此外，巧妙运用中式百宝格、大红灯笼以及传统古香缎，都能展现出浓郁的中式传统风格。中餐厅软装设计如图 4-3-3 和图 4-3-4 所示。

❶ 图 4-3-2　宴会厅二

❷ 图 4-3-3　中餐厅一

❸ 图 4-3-4　中餐厅二

3. 西餐厅软装设计

西餐厅环境陈设常以西方传统建筑元素，如古老的柱饰和门窗、优美的铸铁工艺、漂亮的彩绘玻璃，以及现代派绘画、现代雕塑等作为主要陈设内容，并且常常配置钢琴、烛台、别致的桌布、豪华的餐具等，呈现出安静、舒适、优雅、宁静的环境气氛，体现西方的餐饮文化习俗。西餐厅软装设计如图 4-3-5 和图 4-3-6 所示。

❶

❷

❶ 图 4-3-5　西餐厅一

❷ 图 4-3-6　西餐厅二

4. 快餐厅软装设计

快餐厅要体现的是一个“快”字，用餐者一般不会多停留，更不会对周围景致用心观看、细细品味。所以，其陈设艺术的手法以明快、简洁的色块装饰为最佳。快餐厅用餐者流动性较大，一定要在区域划分、矮隔断、墙壁装饰和家具式样上多下功夫。这里所说的下功夫，不是指多加装饰花纹，而是要在单纯的色彩对比、几何形体的空间塑造、整体环境层次的丰富等方面下功夫，取得用餐环境的理想效果。一般将快餐厅营业空间分隔成几个不同的区域，使各空间处处体现客户至上，如可移动的座位、增加双人餐桌数量、柜台前设单人顾客座位等，用餐环境简洁时尚，摆脱过去快餐厅简单、单调、粗俗的形式。快餐厅地面要铺易清洁打理、美观耐用的地砖。快餐厅软装设计如图 4-3-7 和图 4-3-8 所示。

图 4-3-7 快餐厅一

图 4-3-8 快餐厅二

5. 风味餐厅软装设计

风味餐厅的设计相对复杂，要根据其地域特点、配餐需求合理设置。例如，需设海鲜柜台、熟食柜台，如用餐过程中有演出节目的还需设小舞台，这些都是功能上的需求。在陈设艺术方面的构想则更为重要，好的构思意味着设计成功了一半。风味餐厅设计要以突出地域特色为出发点，熟悉风味餐饮的地域特点，抓住地方风土人情，配合当地特色的绘画、图案、雕塑、陶瓷器皿、特制趣味灯饰等。只要新颖独特，对各类物件进行巧妙安排，就一定会给就餐者留下深刻美好的印象。例如，江南民居白墙灰瓦、小桥流水，具有自然、秀丽、朴素之美，其餐饮环境设计就可以借鉴这一地域特色；而我国东北的特色餐厅则可以利用当地的木材资源作装饰，或将狩猎的战利品悬挂在墙壁上，塑造出一种粗犷之美。风味餐厅软装设计如图 4-3-9 和图 4-3-10 所示。

图 4-3-9　风味餐厅一

图 4-3-10　风味餐厅二

图 4-3-11　餐厅设计作品一

二、餐饮空间软装设计作品赏析

餐饮空间软装设计作品赏析如图 4-3-11 至图 4-3-25 所示。

图 4-3-12　餐厅设计作品二

图 4-3-13 餐厅设计作品三

图 4-3-14 餐厅设计作品四

图 4-3-15　餐厅设计作品五

图 4-3-16　餐厅设计作品六

图 4-3-17　餐厅设计作品七

图 4-3-18　餐厅设计作品八

图 4-3-19 餐厅设计作品九

图 4-3-20 餐厅设计作品十

图 4-3-21　餐厅设计作品十一

图 4-3-22　餐厅设计作品十二

图 4-3-23 餐厅设计作品十三

图 4-3-24　餐厅设计作品十四

图 4-3-25　餐厅设计作品十五

第四节 SECTION 4 娱乐空间软装设计与赏析

娱乐空间就是人们聚会、用餐、欣赏表演、放松身心和进行情感交流的场所。娱乐空间的设计应以健康、轻松、休闲为宗旨，通过轻松、愉快、休闲的活动方式来缓解人们的紧张情绪。

一、娱乐空间软装设计

1. 娱乐空间软装设计的原则

娱乐空间是一个充满动感的空间，在这里不需要严谨规范的秩序，完全是一个轻松活泼、文化艺术气氛浓郁的环境。娱乐空间应调动一切空间形态，通过光影与色彩的作用，刺激视觉、愉悦感观、兴奋神经，引导人们在其中宣泄情绪。通过有创意的设计，营造具有时代特征的文化娱乐空间，倡导提高艺术修养、陶冶审美情趣的现代娱乐方式。娱乐空间的陈设品要配合灯光和整个空间的氛围进行挑选和精心布置。

2. 娱乐空间软装设计要点

娱乐空间包括酒吧、KTV、夜总会、健身房、俱乐部等。在公共娱乐设施中，以影剧院、歌舞厅、KTV 为主要场所。另外也包括饭店中的台球室、保龄球馆、室内高尔夫球馆等。娱乐空间氛围的营造要依据自身大空间的特点，有时需要刻意追求一种强烈活泼的韵味甚至刺激的场面，但有时也需要安静、轻松、优雅的气氛。

娱乐空间各个功能分区的软装设计同样离不开空间界面的处理，并且空间每一处界面都要进行设计，如光与影的相互交错，点、线、面的合理配置，良好的空间尺度等都应在设计的考虑中。要先从空间界面入手对部分陈设品进行布置和选择。地面、墙面和顶棚的设计必须从整体空间考虑，并注意与各个空间的配合，突出空间特点，让置身其中的人产生兴奋、愉悦的心情。下面以影剧院及歌舞厅为例，简要介绍其设计要点。

（1）影剧院的软装设计

影剧院的软装设计重点在总体色调的把握及顶棚与墙面的装饰上。影剧院的家具造型单一、排列整齐，在设计、挑选家具的造型和色彩时要特别注意。因为其所占的室内面积较大，家具的色彩往往构成影剧院的主色调。此外，可以根据空间不同大小、不同风格做复杂具象的人物雕塑及密集的传统花饰，呈现出古典欧式风格，或用简洁的抽象几何图形塑造出多层次的、现代感强的影视空间环境。影剧院软装设计如图 4-4-1 所示。

（2）歌舞厅的软装设计

歌舞厅的软装设计要比影剧院活泼许多，可以应用大胆幻想、奇特造型、色彩对比强烈、材质丰富的装饰手法。歌舞厅、舞厅的软装设计除了满足基本功能的要求，如设有舞台、舞池、座席及附设酒吧外，还要做到区域划分明确，布局尽量活泼，舞池与座席相邻，面积较大的地面可以有高低差变化，以丰富空间层次。另外，室内多用纺织品，可以起到吸音的作用。在艺术处理上，和其他娱乐空间一样，歌舞厅需要进行造型、色彩、质地的设计，多种陈设物的摆放也都要进行深入细致的研究。但歌舞厅环境里最主要的是突出灯光和音响两方面的艺术表现力。室内设计师

图 4-4-1　影剧院软装设计

配合灯光、音响专业人士，认真做好整体氛围的把握，对灯光效果的聚散、疏密、强弱变化及音响位置的高低、光影图像艺术效果等进行处理，从而达到满意的陈设艺术效果。

歌舞厅、舞厅、KTV 空间应有以下功能分区：入口、衣帽间、收银台、电话区、盥洗室、座席、舞池、舞台、酒吧台、备餐室、厨房、声光控制室、办公室等。

二、娱乐空间软装设计作品赏析

娱乐空间软装设计作品赏析如图 4-4-2 至图 4-4-19 所示。

图 4-4-2 KTV 歌厅设计作品一

图 4-4-3　KTV 歌厅设计作品二

图 4-4-4　KTV 歌厅设计作品三

图 4-4-5　KTV 歌厅设计作品四

图 4-4-6　KTV 歌厅设计作品五

图 4-4-7　舞厅设计作品一

图 4-4-8　舞厅设计作品二

图 4-4-9　酒吧设计作品一

图 4-4-10　酒吧设计作品二

图 4-4-11　休息厅设计作品

图 4-4-12　放映厅设计作品

图 4-4-13　健身房设计作品一

图 4-4-14　健身房设计作品二

图 4-4-15　健身房设计作品三

图 4-4-16　台球厅设计作品一

图 4-4-17　台球厅设计作品二

图 4-4-18　保龄球馆设计作品

图 4-4-19　室内高尔夫球馆设计作品

思考与练习

1. 请收集优秀的居住空间软装设计案例作品，分组讨论，分析作品采用了哪些软装元素，展现了什么软装设计风格和特色。

2. 请收集优秀的办公空间软装设计案例作品，分组讨论，分析作品采用了哪些软装元素，展现了什么软装设计风格和特色。

3. 请收集优秀的餐饮空间软装设计案例作品，分组讨论，分析作品采用了哪些软装元素，展现了什么软装设计风格和特色。

4. 请收集优秀的娱乐空间软装设计案例作品，分组讨论，分析作品采用了哪些软装元素，展现了什么软装设计风格和特色。